キソとキホン 小学6年生

「わかる!」がたのしい理科

フォーラム・A

はじめに

近年の教育をめぐる動きは、目まぐるしいものがあります。

2020年度実施の新学習指導要領においても、学年間の単元移動があったり、発展という名のもとに、読むだけの教材が多くなったりしています。通り一遍の学習では、なかなか科学に興味を持ったり、基礎知識の定着も図れません。

そこで学習の補助として、理科の基礎的な内容を反復学習によって、だれもが一人で身につけられるように編集しました。

また、１回の学習が短時間でできるようにし、さらに、ホップ・ステップ・ジャンプの３段構成にすることで興味関心が持続するようにしてあります。

【本書の構成】

ホップ　（イメージ図）

単元のはじめの２ページ見開きを単元全体がとらえられる構造図にしています。重要語句・用語等をなぞり書きしたり、実験・観察図に色づけをしたりしながら、単元全体がやさしく理解できるようにしています。

ステップ　（ワーク）

基礎的な内容をくり返し学習しています。視点を少し変えた問題に取り組むことで理解が深まり、自然に身につくようにしています。

ジャンプ　（おさらい）

学習した内容の、定着を図れるように、おさらい問題を２回以上つけています。弱い点があれば、もう一度ステップ（ワーク）に取り組めば最善でしょう。

このプリント集が多くの子たちに活用され、自ら進んで学習するようになり理科学習に興味関心が持てるようになれることを祈ります。

もくじ

月　日

ホップ

◆　なぞったり、色をぬったりしてイメージマップをつくりましょう

ものの燃え方と空気の成分

・ものが燃え続けるには、新しい空気が必要

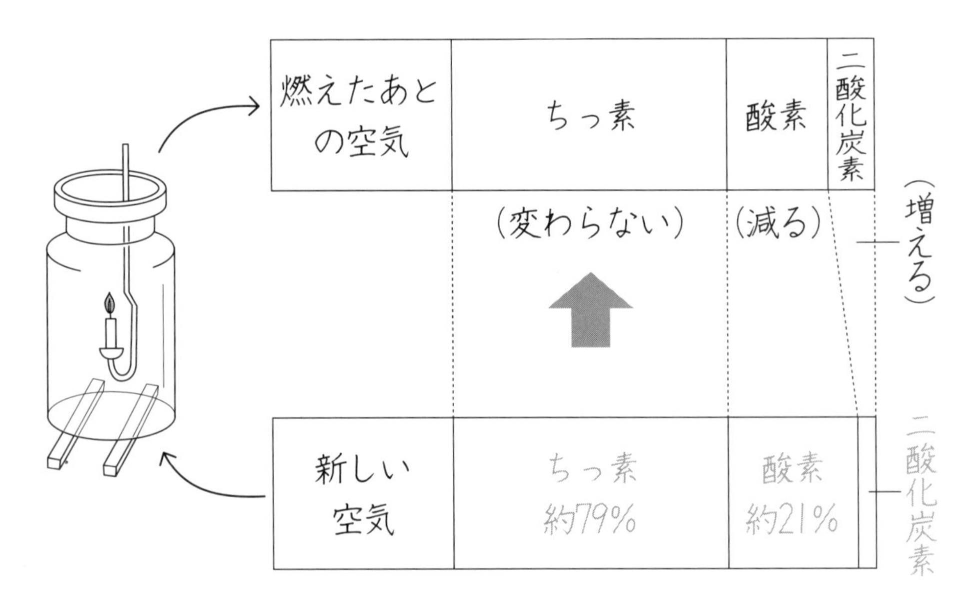

酸素のはたらき

ものを燃やすはたらき

酸素中

激（はげ）しく燃える

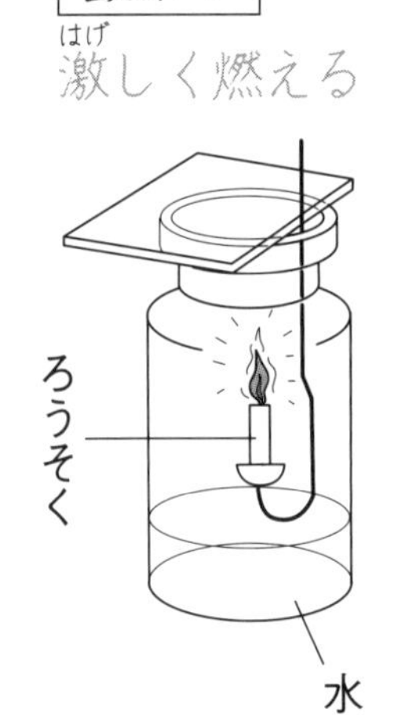

二酸化炭素中

すぐ火が消える

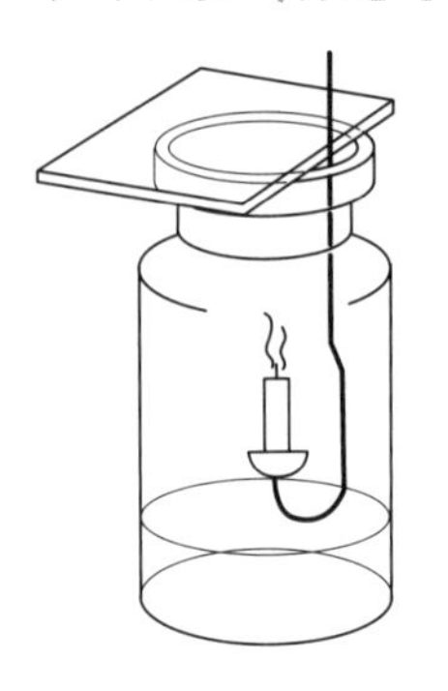

空気中

おだやかに燃える

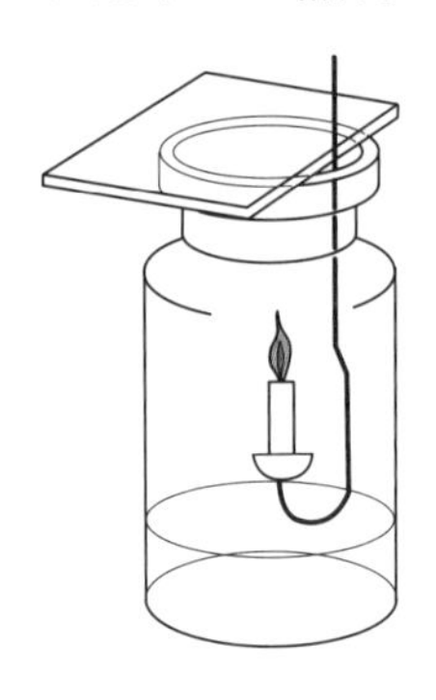

二酸化炭素の性質

石灰水を白くにごらせる

気体検知管の使い方

二酸化炭素用検知管（0.03～1％用）

酸素用検知管（6～24%用）

酸素用検知管は、熱くなるので、ゴムのカバーを持つ

二酸化炭素用検知管（0.5～8％用）

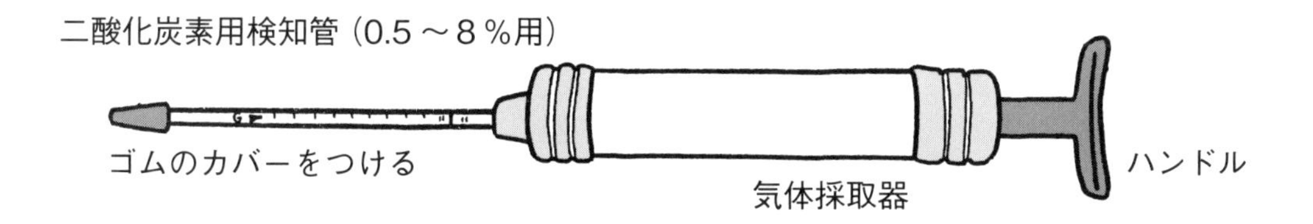

① 気体検知管の両はしを折り、ゴムのカバーをつける

② 気体採取器に取りつける

③ ハンドルを引き、気体検知管に取りこむ

④ 決められた時間後、目もりを読む

1 ものが燃えるとき (1)

月　日

ステップ

1 びんの中でろうそくを燃やしたときの燃え方を調べました。次の(　　)にあてはまる言葉を[　　]から選んでかきましょう。

(1) びんにふたをかぶせます。

びんの中の空気は、入れ(①　　　　　)ので、ろうそくの火は(②　　　　　)。

代わらない　　消えます

ふた

空気の流れ

ねん土

(2) ふたをしないとき、びんの中の空気は、入れ(①　　　　　)ので、ろうそくの火は(②　　　　　)。びんの中でろうそくの火が燃え続けるには、新しい(③　　　　　)が必要です。

空気　　代わる　　燃え続けます

(3) 右の図のように、下のすき間に、火のついた線こうを近づけると、線こうのけむりが(①　　　　　)から吸(す)いこまれ、(②　　　　　)から出ていきます。

けむりの動きから、すき間から空気が(③　　　　　)、びんの口から(④　　　　　)ことがわかります。

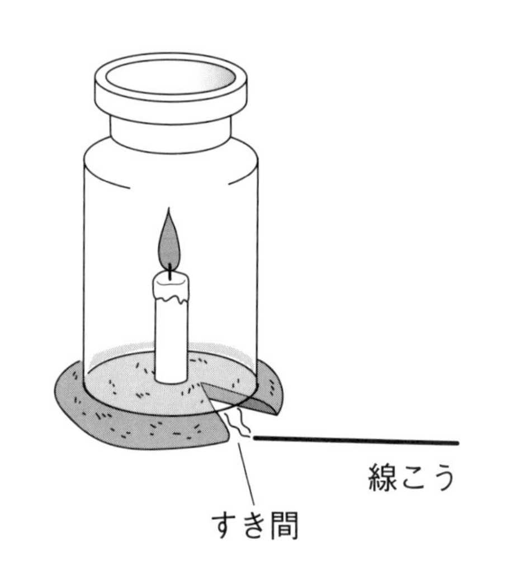

入り　　出ていく　　すき間　　びんの口

おうちの方へ　ものが燃えるためには、新しい空気が必要です。燃えたあとの空気の出口と新しい空気の入り口が必要です。

2 図のように、3つの空きかんにわりばしを入れ、どれがよく燃えるか調べます。

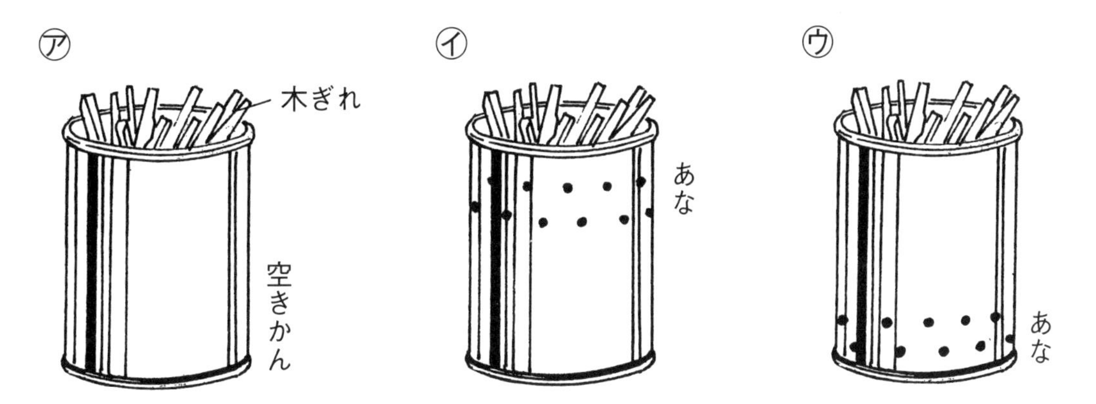

(1) 次の(　　)にあてはまる言葉を□から選んでかきましょう。

同じ大きさの空きかん、同じ本数のわりばしを用意するのは、条件を(①　　　　)して比べたいからです。ちがっているのは、空きかんに(②　　　　)があるか、ないかで、また(②)の位置によって燃え方のちがいを比べたいからです。

同じに　あな

(2) ㋐～㋒のうちで、わりばしが一番よく燃えたのはどれですか。
(　　)

(3) (2)の理由として、正しいもの1つを選びましょう。　(　　)

① かんにあながない方がよく燃えます。
② 空気の入るあなが下にある方がよく燃えます。
③ 空気の入るあなが上にある方がよく燃えます。

1 ものが燃えるとき (2)

1 次の図のように、ねん土にろうそくを立てて、火をつけます。

㋐

ねん土

㋑

ねん土

㋒

すき間

㋓

すき間

(1) ㋐～㋓で、ろうそくが一番よく燃え続けるのはどれですか。記号で答えましょう。
（　　）

(2) ㋐～㋓で、一番に火が消えたのはどれですか。記号で答えましょう。
（　　）

(3) ㋓のすき間に火のついた線こうを近づけました。けむりの動きを矢印で表したとき、下の①～③で最も よく表しているのはどれですか。
（　　）

①
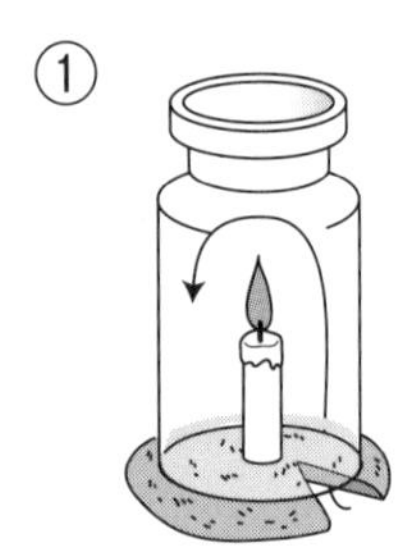

②

③

(4) 次の（　　）にあてはまる言葉を［　］から選んでかきましょう。

線こうの（①　　　　）の動きから、ものが燃え続けているときには、絶えず集気びんの中に（②　　　　）が流れこみ、集気びんの外に（③　　　　）が出ていくことがわかります。

燃えたあとの空気　　新しい空気　　けむり

おうちの方へ　空気中には、約79%のちっ素、約21%の酸素、0.03%のその他の気体がふくまれています。

2 ろうそくが燃える前と、燃えたあとの空気を気体検知管で調べました。

ゴムカバー　ハンドル　検知管　気体採取器

(1) 気体検知管の使い方を正しい順に(　　)に番号をかきましょう。

㋐(　　) 気体検知管を気体採取器に取りつけます。

㋑(　　) 決められた時間がたってから、目もりを読み取ります。

㋒(　　) 気体採取器のハンドルを引いて、気体検知管に気体を取りこみます。

㋓(　　) 気体検知管の両はしをチップホルダーで折り、Gマーク側にゴムカバーをつけます。

(2) 空気の割合(わりあい)は、表のようになりました。次の(　　)にあてはまる言葉を［　］から選んでかきましょう。

酸素の割合は、燃える前の約(①　　　)%から燃えたあとには約17%に(②　　　)います。

二酸化炭素の割合は燃える前は約(③　　　)%から燃えたあとには約3%に(④　　　)います。

	燃える前	燃えたあと
酸素	14 15 16 17 18 19 20 21 22 23 24 約21%	14 15 16 17 18 19 20 21 22 23 24 約17%　減る。
二酸化炭素	0.03%〜1.0%用 0.03 0.1 0.2 0.3 0.4 0.5 0.6 約0.03%	0.5%〜8.0%用 0.5 1 2 3 4 5 6 約3%　増える。

この結果からろうそくが燃えると空気中の(⑤　　　)が使われ、(⑥　　　)ができます。

0.03　21　増えて　減って　酸素　二酸化炭素

1 酸素と二酸化炭素（1）

月　日

ステップ

1 次の（　　）にあてはまる言葉を［　　］から選んでかきましょう。

(1) 酸素を集めたびんの中に火のついたろうそくを入れました。ろうそくは、空気中で燃やすよりも（①　　　　）燃えました。

燃やしたあとのびんに（②　　　　）を入れてふると、（③　　　　）にごりました。それは、燃えることによって（④　　　　）ができたからです。

激(はげ)しく　　白く　　二酸化炭素　　石灰水(せっかいすい)

(2) このように、空気中の（①　　　　）は、ものを（②　　　　）はたらきがあります。（③　　　　）や木炭などを燃やすときも、酸素が使われて、（④　　　　）ができます。

燃やす　　酸素　　二酸化炭素　　線こう

(3) 二酸化炭素を集めたびんの中に火のついたろうそくを入れました。

すると、ろうそくの火はすぐに（①　　　　）ました。（②　　　　）には、ものを燃やすはたらきは（③　　　　）。

二酸化炭素　　ありません　　消え

おうちの方へ　ろうそくが燃えるとき、空気中の酸素が使われて、二酸化炭素を発生させます。

2　びんの中にいろいろな気体を集め、火のついたろうそくを入れました。ろうそくのようすで正しいものを線で結びましょう。

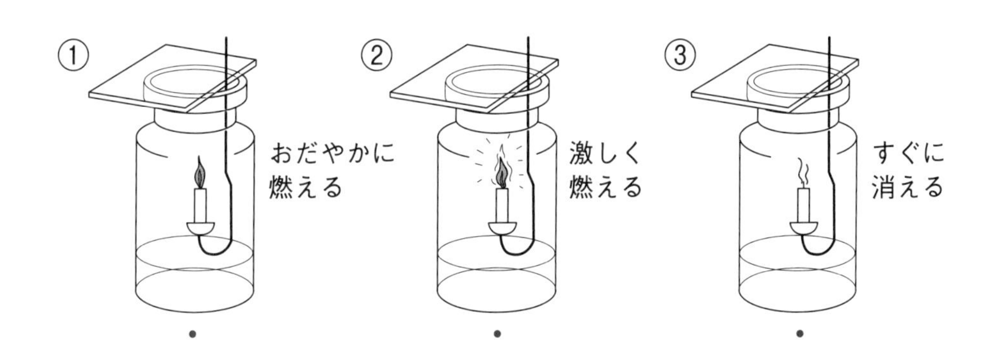

㋐　酸素　　㋑　二酸化炭素　　㋒　空気

3　次の(　　)にあてはまる言葉を[　]から選んでかきましょう。

酸素を入れたびんの中に熱したスチールウール（鉄の細い線）を入れました。すると(①　　　)を出して激しく燃え、そのあとに黒いかたまりができました。

燃えたあとのびんに石灰水を入れてよくふりました。びんの中の石灰水は(②　　　　　)でした。

これは鉄を燃やしても(③　　　　　)はできないことを示しています。

酸素
スチールウール
水

火花　　白くにごりません　　二酸化炭素

1 酸素と二酸化炭素（2）

月　日

1 酸素と二酸化炭素を集めたびんの中に火のついたろうそくを入れました。次の問いに答えましょう。

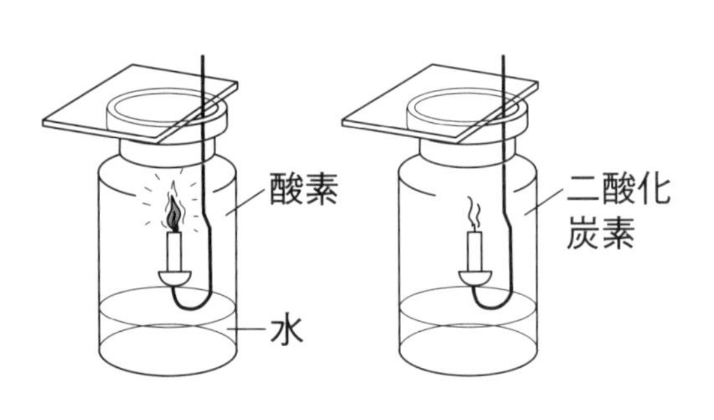

(1) びんの中に水を少し入れておくのはなぜですか。㋐～㋒から選びましょう。（　　）

㋐ 激(はげ)しく燃えないようにするため

㋑ びんがわれるのをふせぐため

㋒ びんがたおれないようにするため

(2) 次の（　　）にあてはまる言葉を［　　］から選んでかきましょう。

酸素を入れたびんの中では、ろうそくは空気中に比べて、（①　　　　　　）ます。また、二酸化炭素を入れたびんの中では、（②　　　　　　）しまいます。

このことから、酸素には、（③　　　　　　）はたらきがあるとわかります。

次に酸素を入れたびんの中で火が消えたあと、石灰水(せっかいすい)を入れてよくふりました。すると、石灰水は（④　　　　　　）ました。このことから、ろうそくが燃えると（⑤　　　　　　）ができたことがわかります。

二酸化炭素	白くにごり	ものを燃やす	激しく燃え
すぐに消えて			

> **おうちの方へ** 二酸化炭素には、ものを燃やすはたらきはありません。二酸化炭素は石灰水を白くにごらせます。

2 次のグラフは、空気の成分を表しています。ちっ素、酸素はそれぞれ約何%ですか。

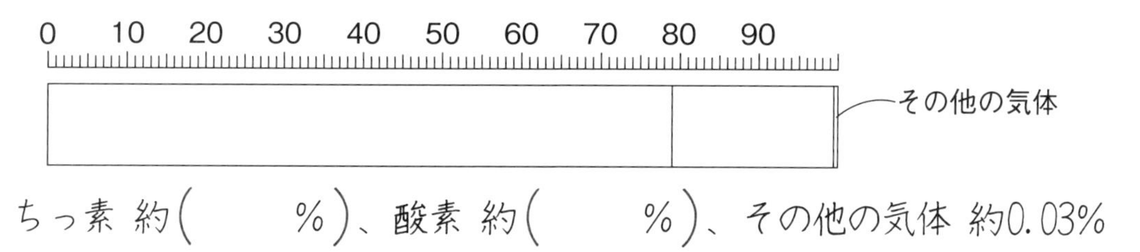

ちっ素 約(　　　%)、酸素 約(　　　%)、その他の気体 約0.03%

3 気体検知管を使ってろうそくが燃える前と燃えたあとの酸素の割合(わりあい)を調べました。

㋐ 約21%

㋑ 約16%

(1) 燃える前の酸素の割合を表しているのは㋐、㋑のどちらですか。(　　　)

(2) ろうそくが燃えるとき、使われて減る気体は何ですか。

(　　　　　　)

(3) ろうそくが燃えるとき、できて増える気体は何ですか。

(　　　　　　)

4 次の(　　)にあてはまる言葉を［　　］から選んでかきましょう。

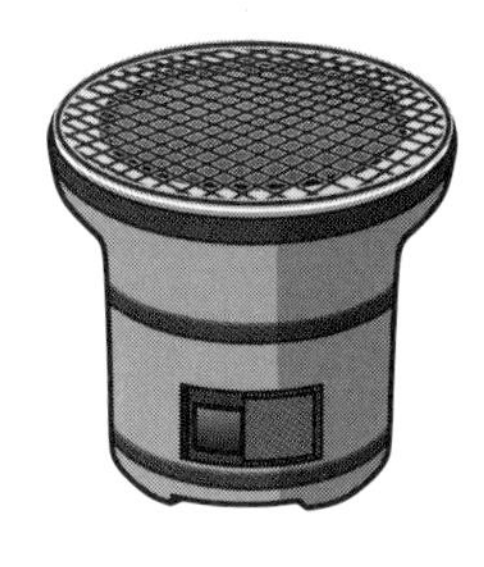

図は、魚やモチを焼く七輪というものです。下の口から入る(①　　　　)には、(②　　　　)が多くふくまれており、その中で炭を燃やし、(③　　　　)を多くふくんだ空気を上から出すしくみになっています。(④　　　　)にするときには、下の口を大きく開けます。

二酸化炭素	酸素	空気	強火

1 ものの燃え方 まとめ (1)

月　日

1 ねん土に火のついたろうそくを立て、底のないびんをかぶせました。あとの問いに答えましょう。

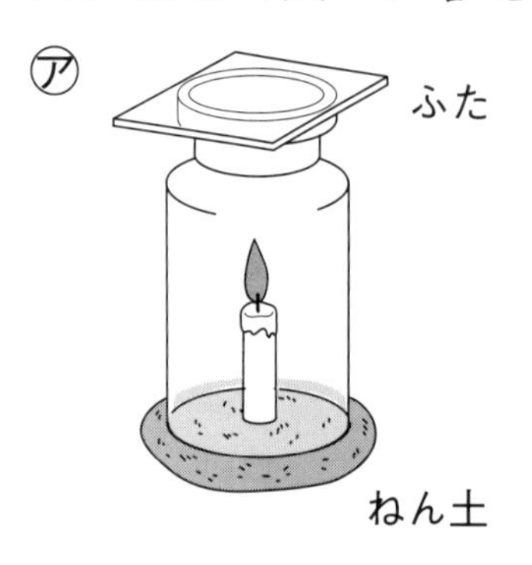

(1) ㋐～㋒の中で、ろうそくが一番よく燃えるものを選びましょう。

(　　　)

(2) ㋒の下のすき間に、線こうのけむりを近づけるとどうなりますか。右の図に矢印で表しましょう。

2 気体検知管を使ってろうそくが燃える前と燃えたあとの酸素の割合(わりあい)を調べました。

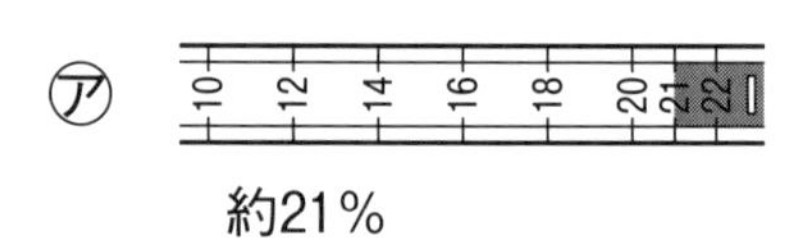

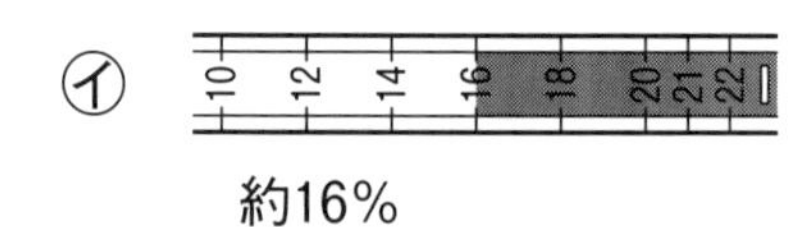

(1) 燃える前の酸素の割合を表しているのは㋐、㋑のどちらですか。

(　　　)

(2) ろうそくが燃えるとき、使われて減る気体は何ですか。

(　　　　　　　)

(3) ろうそくが燃えるときにできて増える気体は何ですか。

(　　　　　　　)

3 次の㋐～㋒のびんの中には、空気、酸素、二酸化炭素のいずれかが入っています。あとの問いに答えましょう。

㋐ 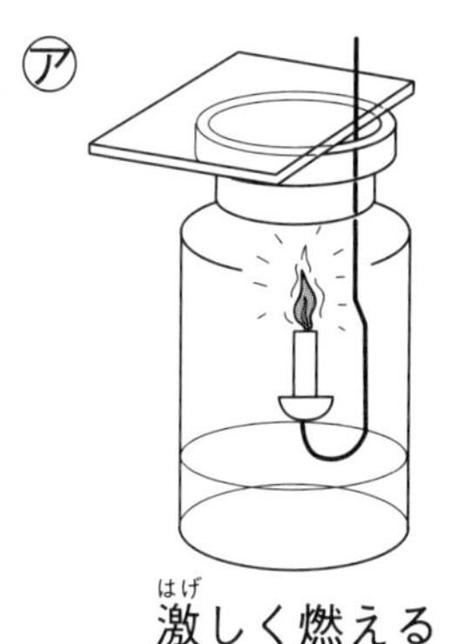
激しく燃える

㋑ 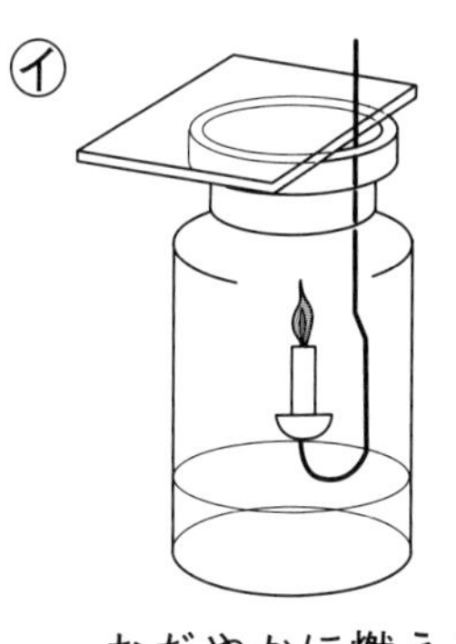
おだやかに燃える

㋒ 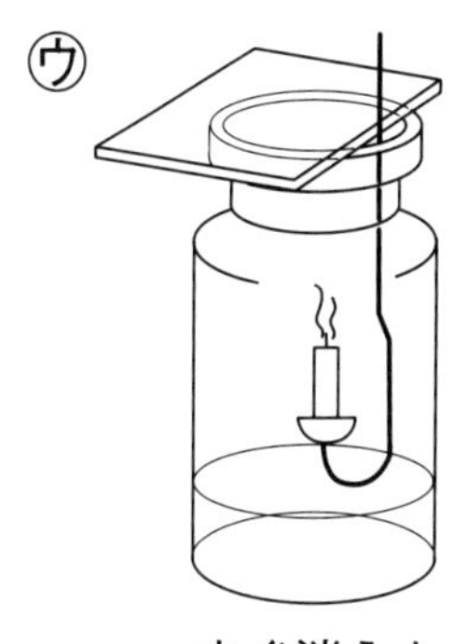
すぐ消えた

(1) ㋐～㋒のびんに、火のついたろうそくを入れると、上のようになりました。それぞれのびんに入った気体は何ですか。

㋐（　　　　　　）　㋑（　　　　　　）　㋒（　　　　　　）

(2) ㋑のろうそくの火が消えたあと、石灰水を入れてよくふると、石灰水はどうなりますか。　（　　　　　　）

(3) (2)の実験から、何ができたことがわかりますか。

（　　　　　　）

4 次の（　　）にあてはまる言葉を［　］から選んでかきましょう。

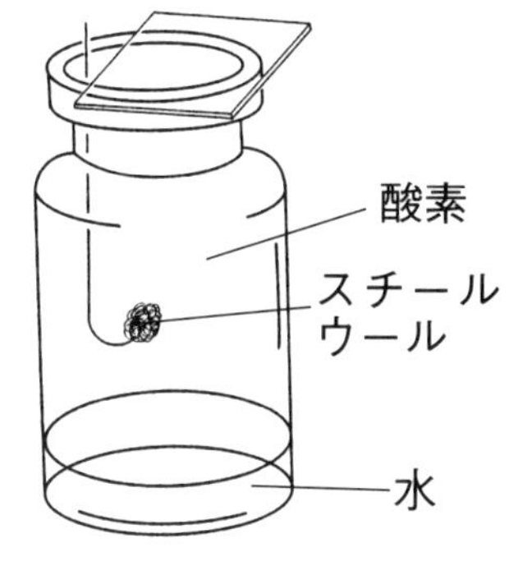

酸素を入れたびんの中に熱したスチールウール（細い鉄線）を入れました。すると、（①　　　　）を出して激しく燃え、あとに黒いかたまりができました。そのあとびんに（②　　　　）を入れてよくふりましたが白くにごりませんでした。これは、鉄を燃やしても（③　　　　）はできません。（③）は（④　　　　）がなければできないのです。

炭素	石灰水	火花	二酸化炭素

1 ものの燃え方 まとめ (2)

1 酸素や二酸化炭素の量を調べるものに気体検知管があります。

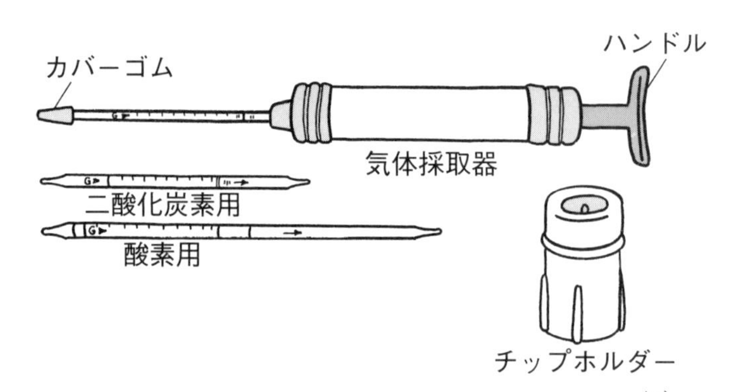

(1) 気体検知管の正しい使い方になるよう㋐～㋓を並(なら)べましょう。

㋐ 決められた時間がたってから、目もりを読み取ります。

㋑ 気体検知管を矢印の向き（⇨）に、気体採取器に取りつけます。

㋒ 気体検知管の両はしをチップホルダーで折り、Gマーク側にゴムカバーをつけます。

㋓ 気体採取器のハンドルを引いて、気体検知管に気体を取りこみます。

（　　　）→（　　　）→（　　　）→（　　　）

(2) 気体検知管を使って、ろうそくが燃えたあとの空気を調べました。次の（　　）にあてはまる数をかきましょう。

酸素用の検知管から、酸素は（①　　　）%に減っていました。

また、二酸化炭素用の検知管から二酸化炭素は（②　　　）%に増えていました。

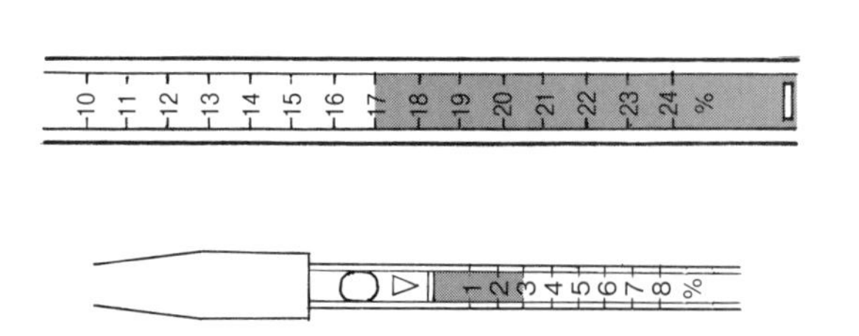

2 酸素、二酸化炭素、ちっ素のいずれかが入ったびん①、②、③があります。

次の実験の結果からそれぞれの気体の名前を答えましょう。

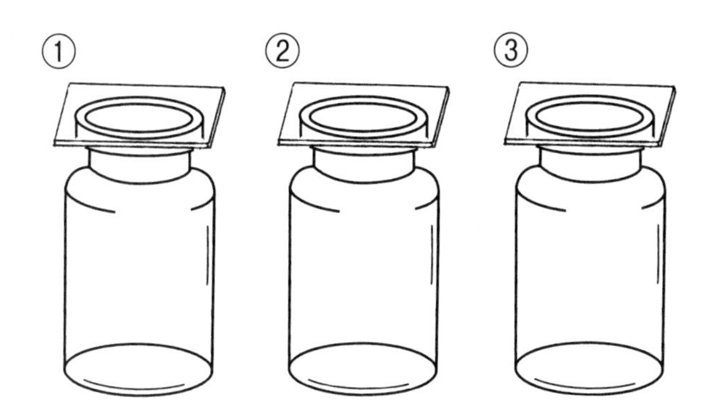

（実験１）　火のついたろうそくをそれぞれのびんの中に入れました。

①、②はすぐに火が消え、③は明るくかがやいて燃えました。

（実験２）　実験１のあとびんの中に石灰水（せっかいすい）を入れてよくふりました。

①、③は白くにごり、②は変化しませんでした。

①（　　　　　　）　②（　　　　　　）　③（　　　　　　）

3 酸素を集めたびんの中で、㋐線こう　㋑木炭　㋒スチールウールを燃やす実験をしました。

(1) それぞれどのようになりましたか。その結果を次の①～③から選びましょう。

①　激（はげ）しく燃えた　　②　消えた　　③　火花をとばして燃えた

㋐（　　　　　　）　㋑（　　　　　　）　㋒（　　　　　　）

(2) ㋐～㋒の実験のあとに、それぞれのびんに石灰水を入れてまぜました。その結果を次の①、②から選びましょう。

①　白くにごる　　②　変化しない

㋐（　　　　　　）　㋑（　　　　　　）　㋒（　　　　　　）

ヒトや動物の体

月　日

ホップ

◆ なぞったり、色をぬったりしてイメージマップをつくりましょう

呼吸と肺

血液中の二酸化炭素をすて、酸素をとり入れる

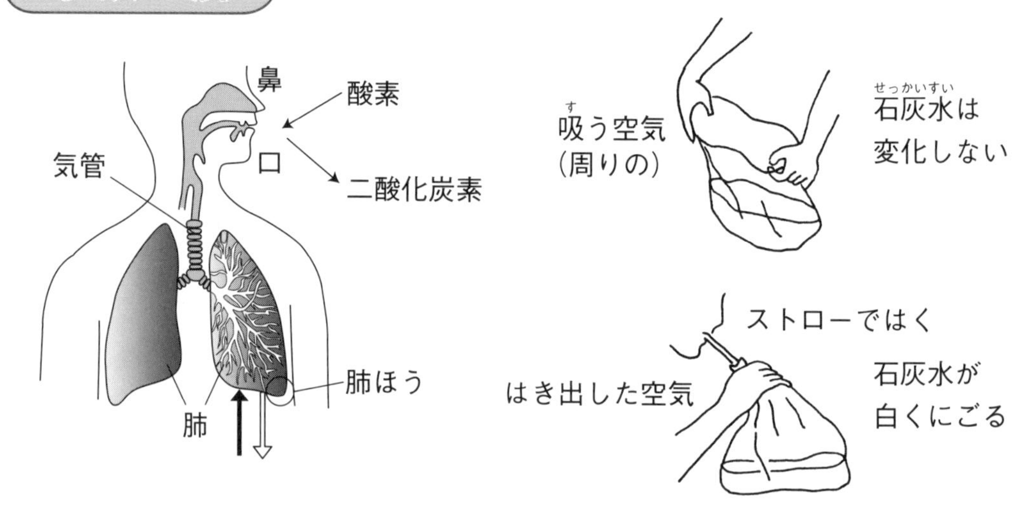

消化と吸収

からだに吸収されやすい養分に変える

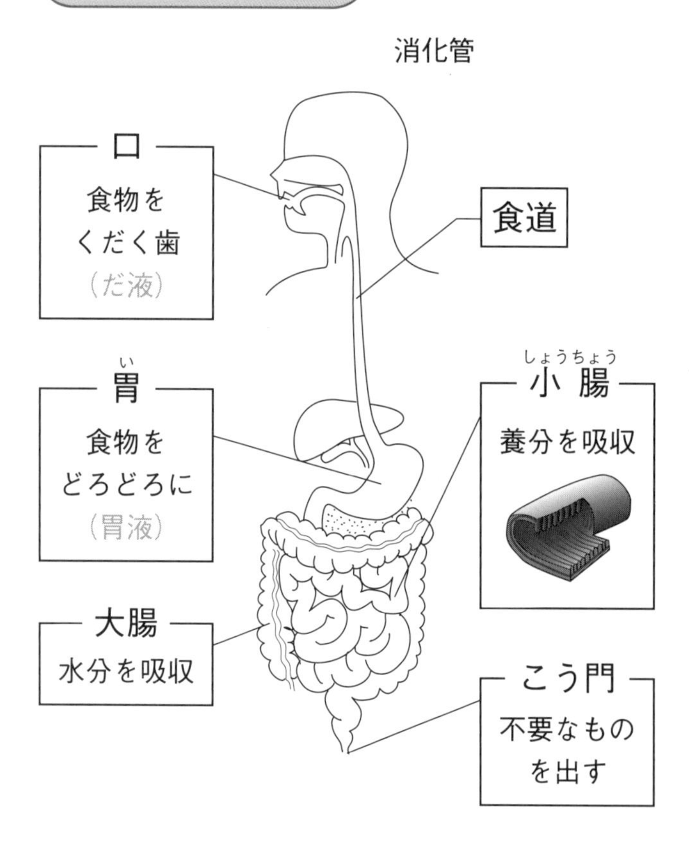

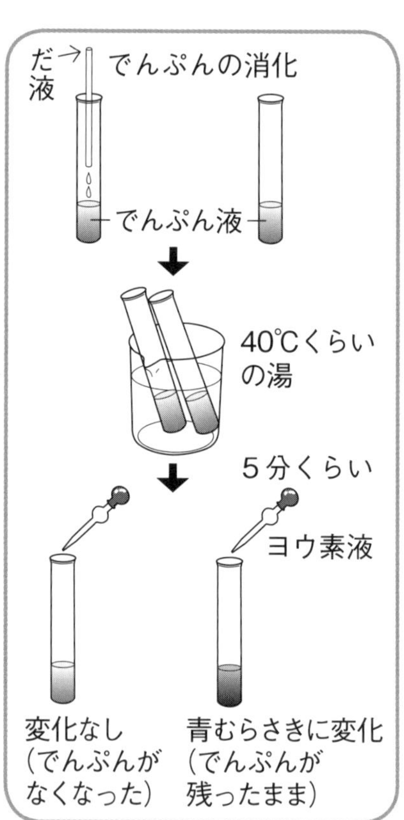

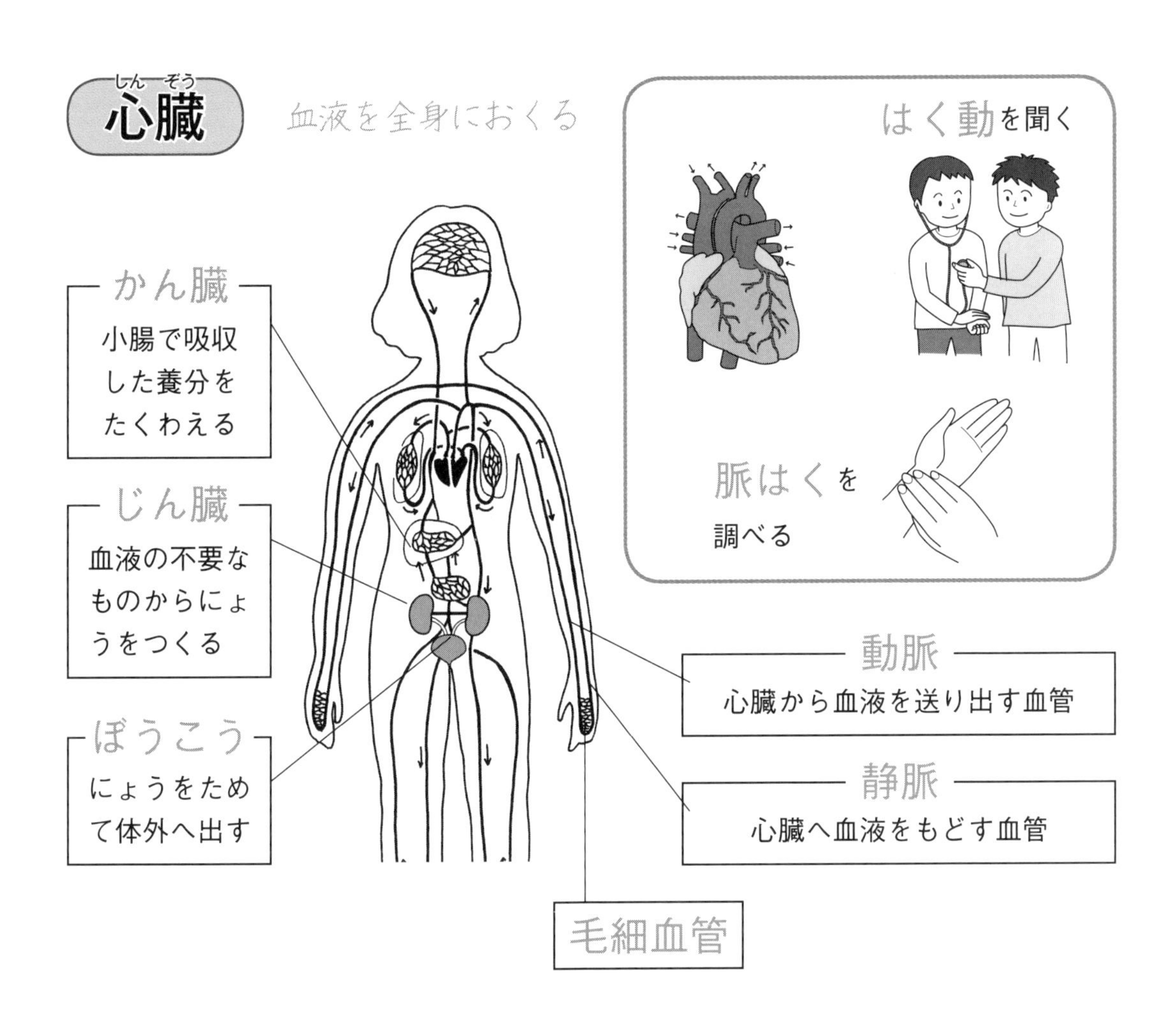

血液の流れ

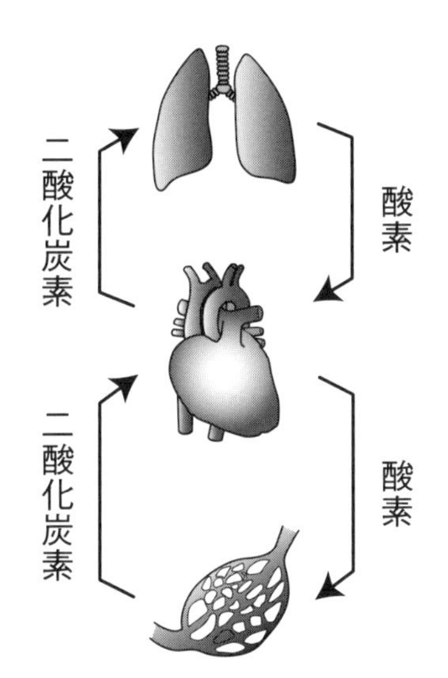

肺　酸素を取り入れて、二酸化炭素を出す。

心臓　血液を送るはたらきをしている。

全身（毛細血管）　酸素や養分と、二酸化炭素などが、入れかわる。

2 呼吸のはたらき

月　日

ステップ

1 図はヒトの呼吸(こきゅう)に関係する体の部分を表したものです。(　　)にあてはまる名前を[　　]から選んでかきましょう。

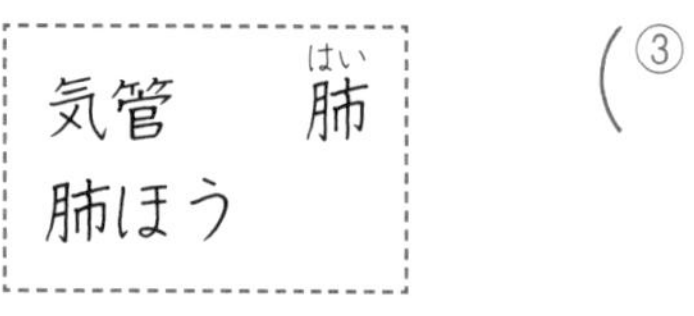

気管　肺(はい)
肺ほう

(③　　　　)

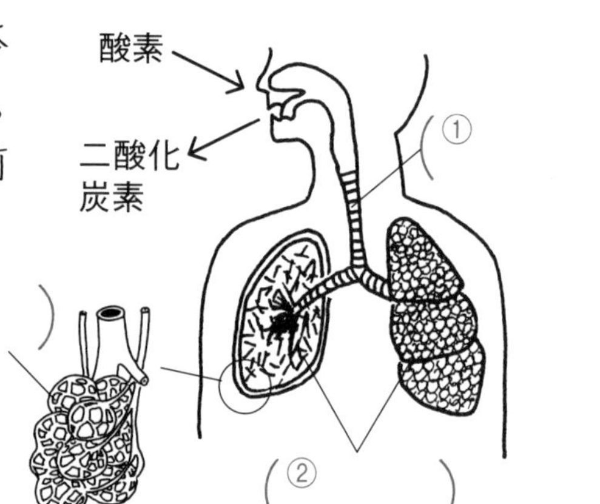

2 図はヒトや動物の呼吸について表したものです。(　　)にあてはまる言葉を[　　]から選んでかきましょう。

(1) 口や(①　　　)から入った空気は(②　　　　)を通って肺に入ります。

肺ほうでは(③　　　　)の中に(④　　　　)を取り入れて(⑤　　　　　)を出しています。

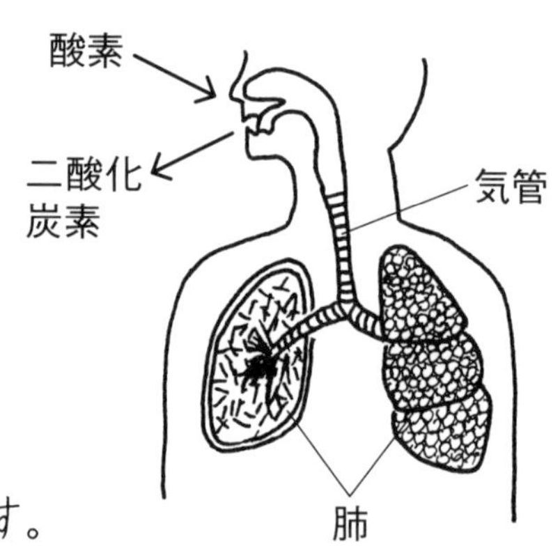

血液　気管　鼻　酸素　二酸化炭素

(2) 魚は(①　　　　)で呼吸しています。水にとけている(②　　　　)を取り入れ、(③　　　　　)を出しています。

えら
酸素
二酸化炭素

えら　酸素　二酸化炭素

おうちの方へ　ヒトの呼吸は、空気中の酸素を取り入れて、体内でつくられた二酸化炭素をはき出します。

3　吸(す)う空気とはき出した空気のちがいを調べるため、次のような実験をしました。(　　　)にあてはまる言葉を［　］から選んでかきましょう。

(1)　ヒトは空気を吸ったり、はき出したりしています。これを(①　　　　)といいます。

吸う空気（周りの空気）をふくろに集め、石灰水(せっかいすい)を入れてよくふると、石灰水はほとんど(②　　　　　　　)。

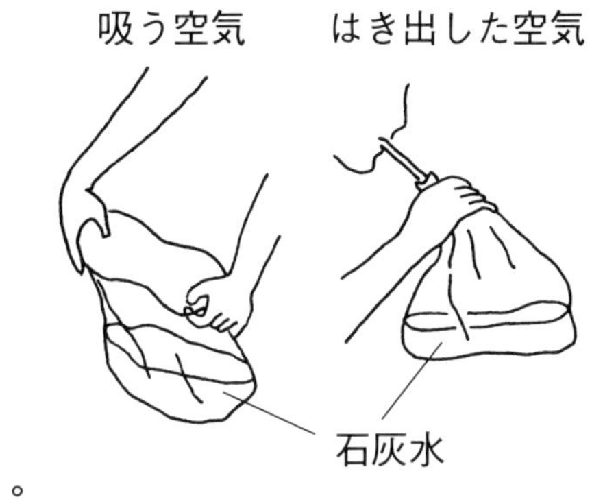

はき出した空気をふくろに集め、石灰水を入れてよくふると、石灰水は(③　　　　　　　　)。

呼吸	白くにごります	変化しません

(2)　吸う空気とはき出した空気を気体検知管で調べました。

酸素の割合(わりあい)は(①　　　　　　)では約21%でしたが、はき出した空気では約(②　　　　)%に減りました。

二酸化炭素の割合については吸う空気では約(③　　　　)%でしたが、(④　　　　　　　)では約３%に増えました。

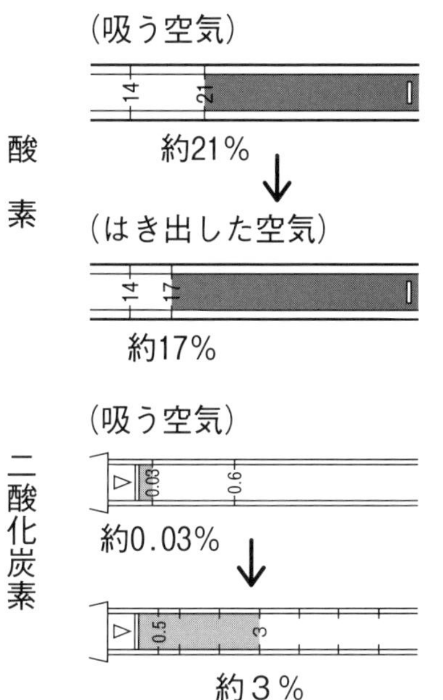

吸う空気	はき出した空気	17	0.03

2 消化と吸収 (1)

月　日

ステップ

1 図はヒトの体内を表したものです。

(1) (　　)にあてはまる名前を[　]から選んでかきましょう。

食道　小腸(しょうちょう)　大腸
胃(い)　こう門

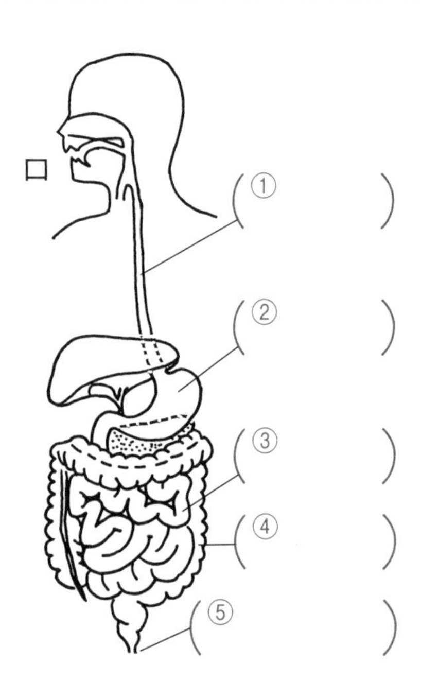

(2) 次の(　　)にあてはまる言葉を[　]から選んでかきましょう。

口から入った食べ物は、口→(①　　)→(②　　)→(③　　)→(④　　)を通って、こう門から出されます。

口から(⑤　　)までの通り道を(⑥　　)といいます。食べ物はこの管を通るうちに、体内に吸収(きゅうしゅう)されやすいものに変えられます。これを(⑦　　)といいます。

食べ物を消化するはたらきのある液を(⑧　　)といい、(⑨　　)や胃液などがあります。養分は(⑩　　)で吸収され、水分は主に(⑪　　)で吸収されます。

胃　小腸　大腸　食道　こう門　だ液
消化液　消化　消化管　**◉2回使う言葉もあります**

おうちの方へ　ヒトの消化管は、食べ物に消化液をまぜこなし、消化しやすい養分に変えます。小腸で養分、大腸で水分を吸収します。

2　次の(　　)にあてはまる言葉を[　　]から選んでかきましょう。

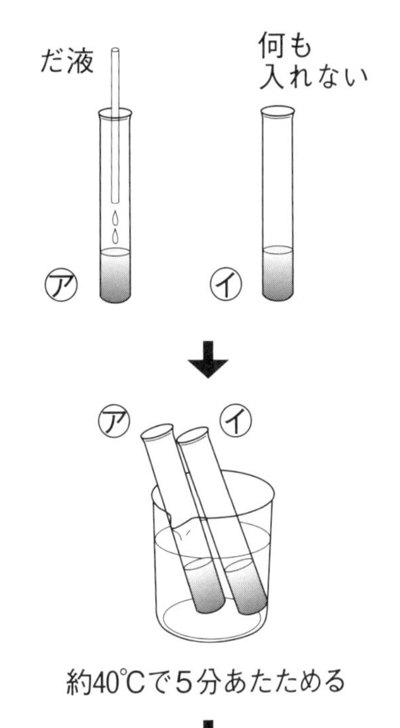

(1)　でんぷん液に(①　　　　)を加えたものアと、何も加えないものイの2本の試験管を(②　　　　)と同じくらいの(③　　　　)であたためました。

湯　　だ液　　体温

(2)　アの試験管に(①　　　　)を入れると色が(②　　　　)、イの試験管では色が(③　　　　)ました。

ヨウ素液　　変わり　　変わらず

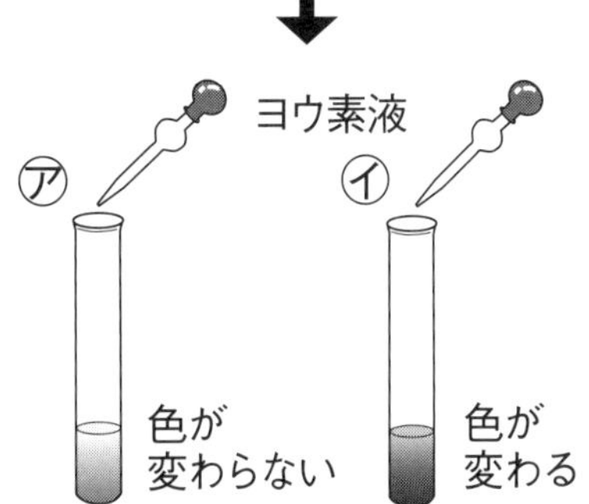

(3)　(①　　　　)には、(②　　　　)を別のものに変えるはたらきがあることがわかります。

だ液　　でんぷん

(4)　でんぷん液にだ液を加えたウ、エをつくりました。ウは湯につけ、エは氷水につけました。ウに(①　　　　)を入れると色が(②　　　　)、エに入れると色が(③　　　　)ました。

※(2)と同じ言葉を使います

2 消化と吸収 (2)

月　日

1 図を見て、(　　)にあてはまる言葉を［　］から選んでかきましょう。

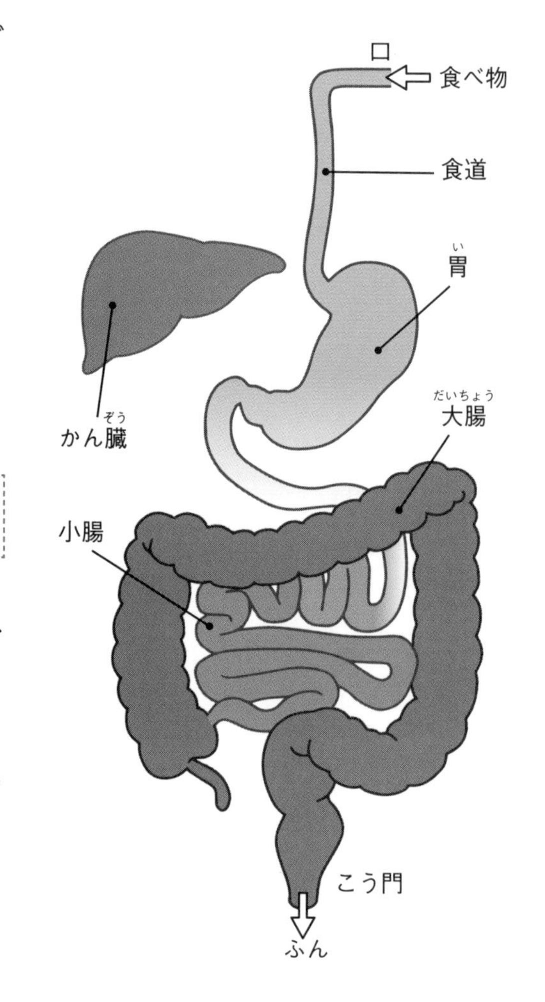

(1) 食べ物が(①　　　)などで細かく、くだかれたり(②　　　)などで体に吸収されやすい(③　　　)に変えられたりすることを(④　　　)といいます。

消化	養分	歯	だ液

(2) だ液のほかに(①　　　)など食べ物を消化するはたらきをもつ液を(②　　　)といいます。

消化液	胃液

(3) 消化された食べ物の養分は、主に(①　　　)から吸収され、(②　　　)では水分が吸収されます。養分は(③　　　)の中に取り入れられて全身に運ばれます。吸収されなかったものは(④　　　)として体外に出されます。

大腸	小腸	血液	ふん(便)

おうちの方へ　かん臓には、さまざまなはたらきがあります。消化液をつくったり、体に害のあるものを無害なものに変えたりします。

2 図を見て、(　　)にあてはまる言葉を［　］から選んでかきましょう。

(1) 消化された食べ物の養分は(①　　　)で吸収されます。養分は(②　　　)によって(③　　　)に運ばれます。かん臓は運ばれてきた養分の一部を、一時的に(④　　　)、必要なときに全身に送り出すはたらきをしています。

かん臓のつくり

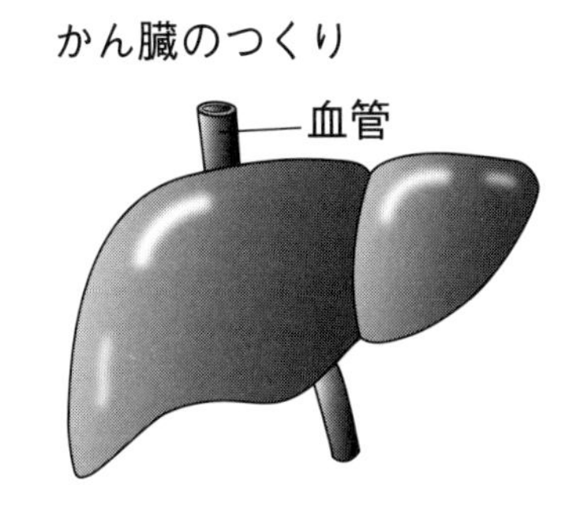

かん臓　　たくわえ　　血液　　小腸

(2) かん臓には、さまざまなはたらきがあり、(①　　　)をつくって(②　　　)で食べ物を消化するのを助けるはたらきや、(③　　　)など体に害のあるものを、(④　　　)に変えるはたらきもあります。

消化液　　害のないもの　　アルコール　　消化管

(3) 動物の(①　　　)もヒトと同じように(②　　　)から(③　　　)まで一続きの管になっています。

口　　こう門　　消化管

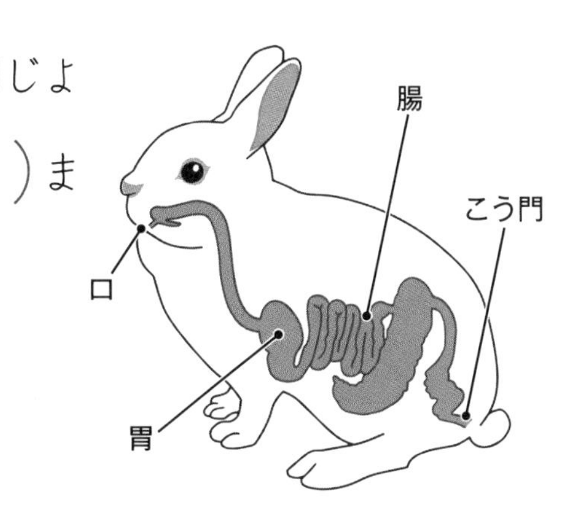

2 心臓と血液 (1)

月　日

1 次の(　　)にあてはまる言葉を[　]から選んでかきましょう。

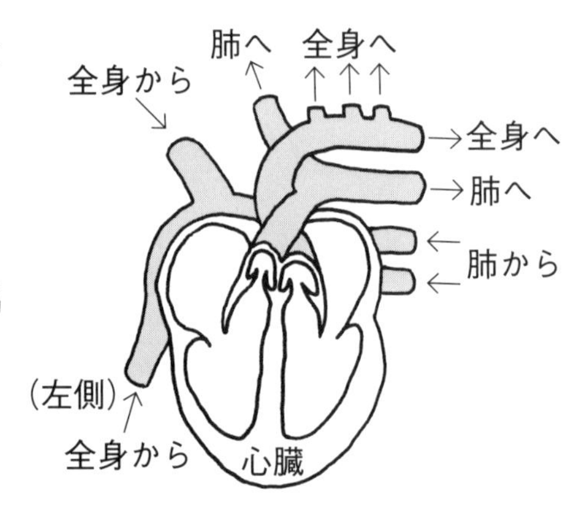

(1) 心臓(しんぞう)は(①　　　　)、ちぢんだりして、全身に(②　　　　)を送り出す(③　　　　)の役目をしています。

のびたり　　ポンプ　　血液

(2) 胸(むね)に(①　　　　　　)をあてると心臓の(②　　　　　)の音が聞こえます。手首の血管を指でおさえると、(③　　　　　　)を調べられます。

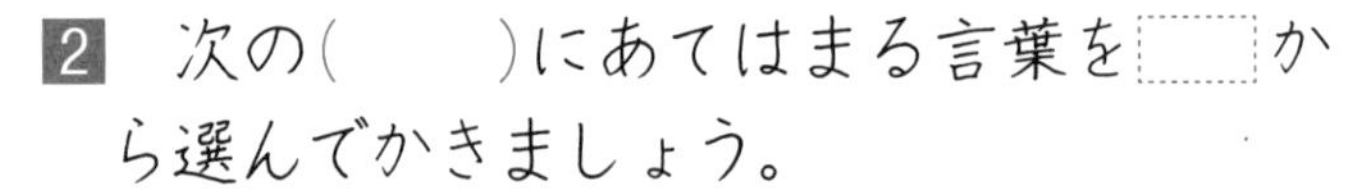

ちょうしん器　　脈はく　　はく動

2 次の(　　)にあてはまる言葉を[　]から選んでかきましょう。

かん臓は、小腸(しょうちょう)で吸収(きゅうしゅう)した(①　　　　)をたくわえるはたらきがあります。

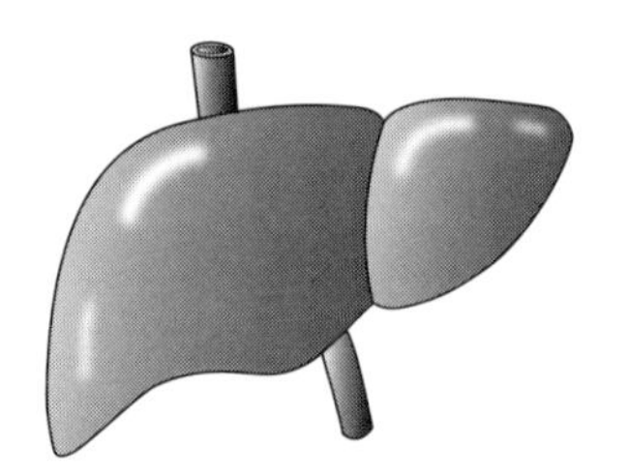

かん臓

じん臓は、(②　　　　)の不要なものをこしとります。(③　　　　)をつくり、(④　　　　)に送るはたらきがあります。

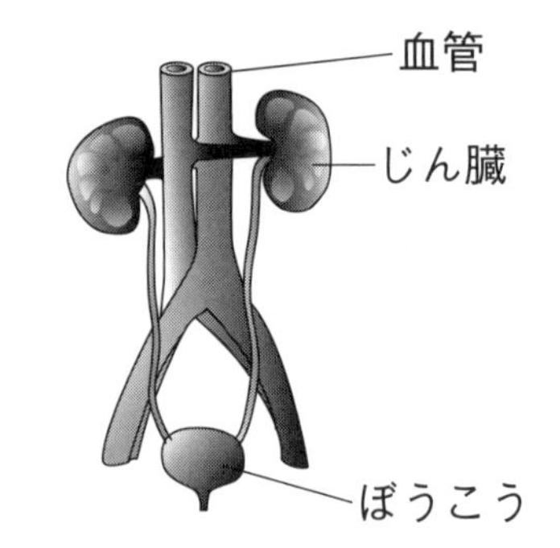

養分　　ぼうこう　　にょう　　血液中

おうちの方へ　心臓は、全身に血液を送り出すポンプの役目をしています。じん臓は体内でできた不要なものをこしとり、体外に出します。

3 右の図は、全身の血液の流れを表したものです。次の(　　)にあてはまる言葉を[　]から選んでかきましょう。

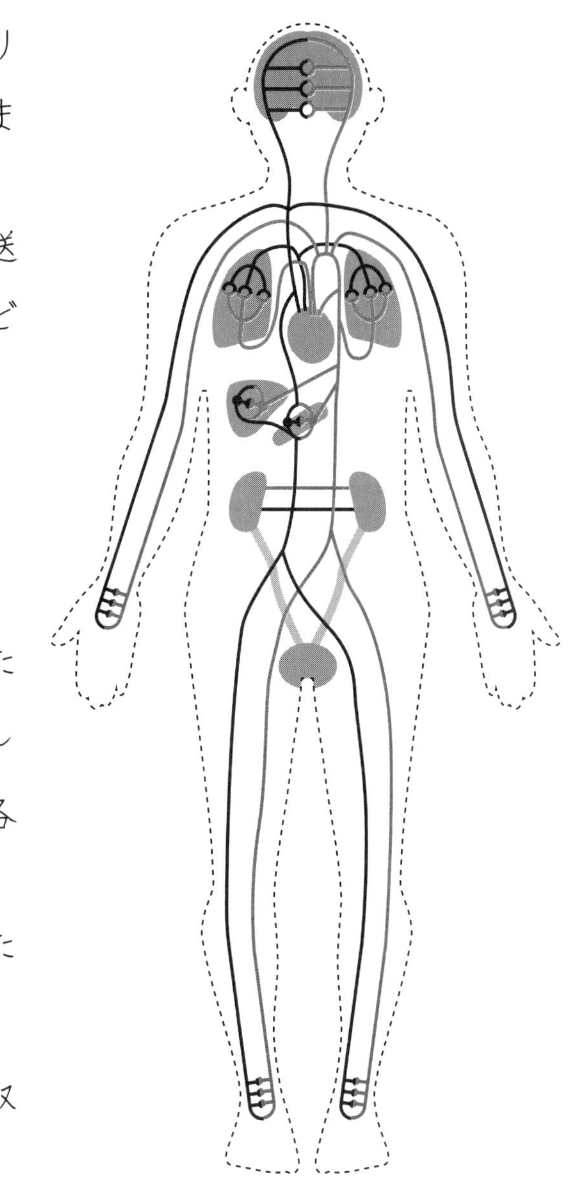

(1) 血液は(①　　　)を通り体のすみずみまで運ばれます。

血液は(②　　　)から送り出され、再び心臓にもどってきます。

心臓　　血管

(2) 血液は、肺(はい)で取り入れた(①　　　)や小腸で吸収した(②　　　)などを体の各部分にわたしています。

反対に、体内でできた(③　　　　)や(④　　　　)を受け取って運んでいます。

養分　　酸素　　二酸化炭素　　不要なもの

心臓と血液 (2)

1 心臓の動きについて、あとの問いに答えましょう。

(1) 脈はくの調べ方で正しいものを㋐～㋒から選びましょう。（　　）

㋐ 

㋑ 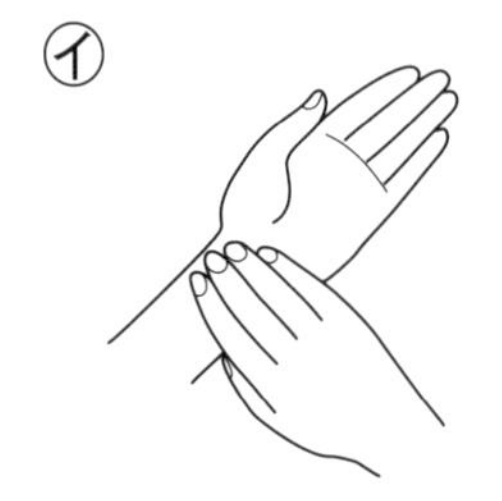

㋒ 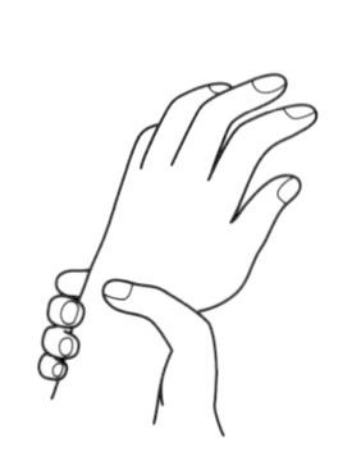

(2) 胸にちょうしん器をあてると、何の音がきこえますか。（　　　　）

(3) 次の文のうち、正しいもの2つに○をつけましょう。

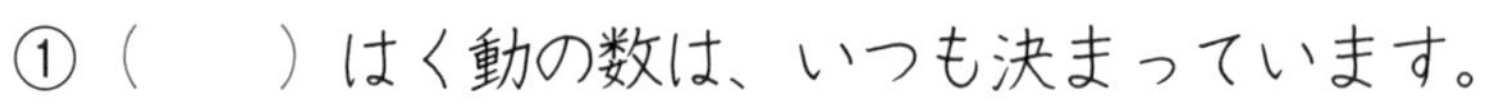

①（　　）はく動の数は、いつも決まっています。

②（　　）心臓のはく動によって血液が送られます。

③（　　）はく動数や脈はく数は、はかるときによってちがいます。

2 図は、血液の流れについて表しました。あとの問いに答えましょう。

(1) 心臓のはたらきで、正しいもの1つに○をつけましょう。

①（　　）血液をつくり出すはたらき

②（　　）血液を全身に送り出すはたらき

③（　　）血液に酸素をわたすはたらき

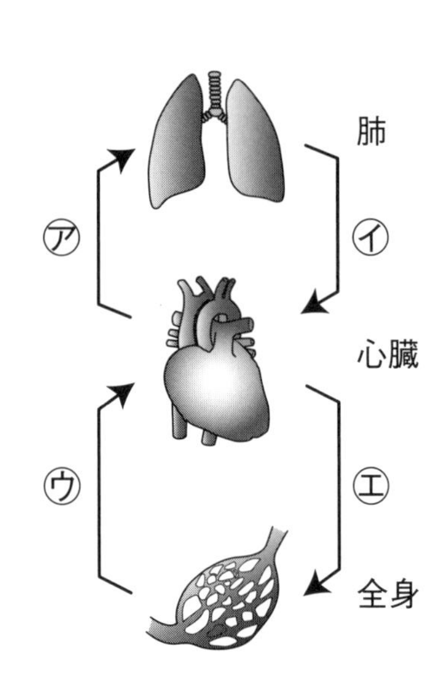

(2) ㋐～㋓は血液の流れを表しています。酸素を多くふくむ血管を記号ですべてかきましょう。（　　　　）

おうちの方へ　血液のはたらきは、血管を通り全身に養分や酸素を送り、体内でできた不要なものや二酸化炭素を運びます。

3 図は、全身の血液の流れを表したものです。

(1) あとの問いに答えましょう。

① 全身に血液を送り出している㋐の部分は、何ですか。

(　　　　　　)

② ㋑の部分は何ですか。名前をかきましょう。(　　　　　　)

③ ㋒の血管は、心臓から全身に送り出される血液が流れています。何という気体が多くふくまれていますか。(　　　　　　)

④ ㋓の血管には、全身から心臓へもどる血液が流れています。何という気体が多くふくまれていますか。

(　　　　　　)

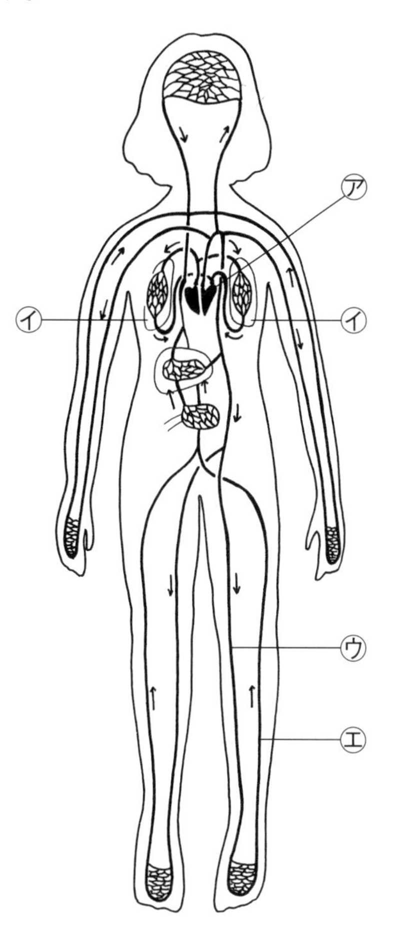

(2) 次の(　　)にあてはまる言葉を[　　]から選んでかきましょう。

血液によって運ばれた酸素や(①　　　　)は体の各部分で(②　　　　)や不要なものと入れかわります。

全身から心臓にもどってきた血液は、次に(③　　　　)に運ばれ、二酸化炭素と(④　　　　)を入れかえます。

酸素	二酸化炭素	養分	肺(はい)

2 ヒトや動物の体 まとめ (1)

1 右の図は、食べ物の消化に関係する体の部分を表したものです。

(1) ㋐～㋕の部分の名前を線で結びましょう。

㋐・	・胃（い）
㋑・	・大腸（だいちょう）
㋒・	・食道
㋓・	・小腸
㋔・	・かん臓（ぞう）
㋕・	・こう門

口 ㋐ ㋑ ㋒ ㋓ ㋔ ㋕

(2) 次の問いの答えを［　　］から選んで答えましょう。

① 口からこう門までの食べ物の通り道を、何といいますか。

（　　　　　）

② 口で出される消化液で、消化される養分は何ですか。

（　　　　　）

③ 消化された養分は、どこで吸収（きゅうしゅう）されますか。名前をかきましょう。

（　　　　　）

④ 養分は、何の中にとり入れられて全身に運ばれますか。

（　　　　　）

⑤ 水分は、主にどこで吸収されますか。（　　　　　）

［ でんぷん　大腸　消化管　小腸　血液 ］

2 吸(す)う空気と、はき出した空気のちがいを調べました。あとの問いに答えましょう。

(1) ２つの空気のちがいを調べるために、ふくろに入れる液は何ですか。（　　　　）

(2) 液が白くにごるのは、吸う空気とはき出した空気のどちらですか。（　　　　）

(3) (2)の結果からわかることは㋐～㋒のどれですか。（　　）

㋐ 吸う空気には、はき出した空気よりも二酸化炭素が多くふくまれています。

㋑ はき出した空気には、吸う空気よりも二酸化炭素が多くふくまれています。

㋒ はき出した空気には、水蒸気が多くふくまれています。

(4) ヒトが呼吸(こきゅう)によって、体の中に取り入れる気体と体の外に出す気体は何ですか。

取り入れる気体（　　　　　）　出す気体（　　　　　）

3 図は、血液が体内をまわっているようすを表しています。あとの問いに答えましょう。

(1) 血液を全身に送り出しているのは㋐～㋓のどこですか。また、その名前をかきましょう。

記号（　　）　名前（　　　　）

(2) 酸素を血液中に取り入れ、血液中の二酸化炭素を出しているのは、㋐～㋓のどこですか。また、その部分の名前もかきましょう。

記号（　　）　名前（　　　　）

(3) 酸素の多い血液が流れている血管は、Ⓐ、Ⓑのどちらですか。（　　）

2 ヒトや動物の体 まとめ (2)

月　日

ジャンプ

1 次の(　　)にあてはまる言葉を[　]から選んでかきましょう。

(1) 食べ物が口の中で(①　　　)などで細かくくだかれたり、(②　　　　)などで体に吸収されやすい養分に変えられたりすることを(③　　　　)といいます。

(②)のほかに、(④　　　　)などにも食べ物を消化するはたらきがあります。このような液を(⑤　　　　　)といいます。

消化　消化液　歯　だ液　胃液

(2) 消化された養分は、主に(①　　　)から吸収されます。そして、小腸を通る(②　　　)から血液に取り入れられて全身に運ばれます。

また、(③　　　　)は運ばれた養分の一部を一時的に(④　　　　)、必要なときに全身に送るはたらきをしています。かん臓には(⑤　　　　)をつくったり、(⑥　　　　　)など体に害のあるものを、(⑦　　　　　)に変えるはたらきもあります。

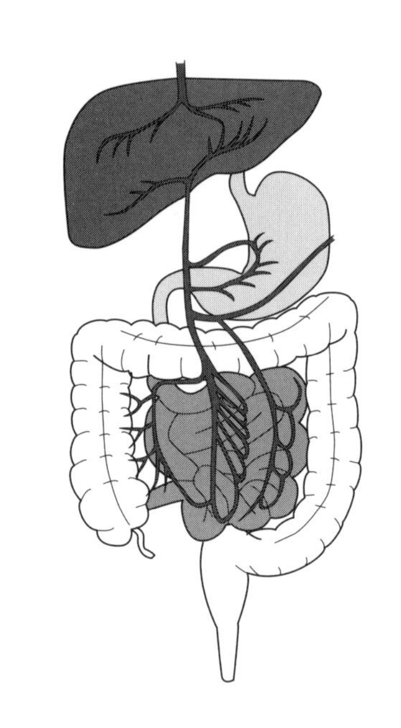

アルコール　消化液　たくわえ　小腸 血管　かん臓　害のないもの

2 次の(　　)にあてはまる言葉を[　　]から選んでかきましょう。

(1) 血液は体の各部分をつなぎ、(①　　　　)や(②　　　　)を体の各部分へ運んだり、体の各部分でできた(③　　　　)や(④　　　　)を運んだりします。

酸素　　二酸化炭素　　養分　　不要物

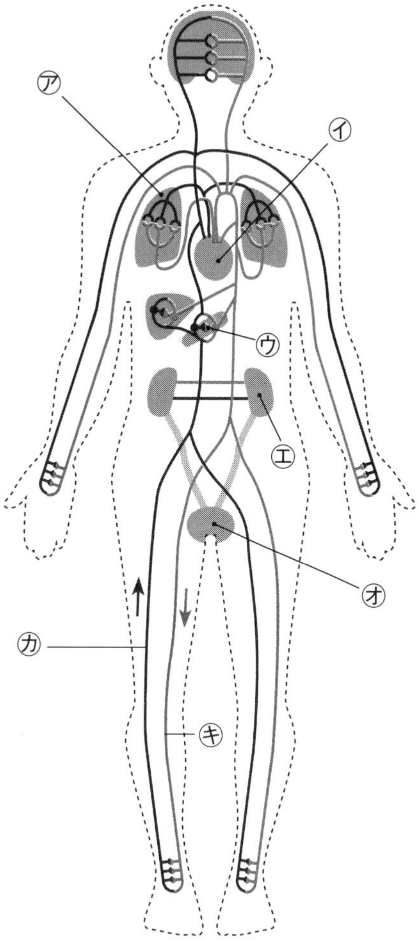

(2) 図の㋐は(①　　　　)といい、酸素を取り入れ、二酸化炭素をすてるはたらきをしています。

㋑は(②　　　　)といい、全身に(③　　　　)を送り出します。

㋒は(④　　　　)といい、食物を消化し、(⑤　　　　)を血液中に吸収します。

養分　　肺　　小腸　　心臓　　血液

(3) 図の㋓は(①　　　　)といい、血液中の(②　　　　)や余分な水分をこしとって、㋔の(③　　　　)から外に出します。

㋕の血管には(④　　　　)の多い血液が流れて、㋖には(⑤　　　　)の多い血液が流れています。

ぼうこう　　じん臓　　不要物　　酸素　　二酸化炭素

3 植物のつくり

月　日

ホップ

◆ なぞったり、色をぬったりしてイメージマップをつくりましょう

植物の水の通り道

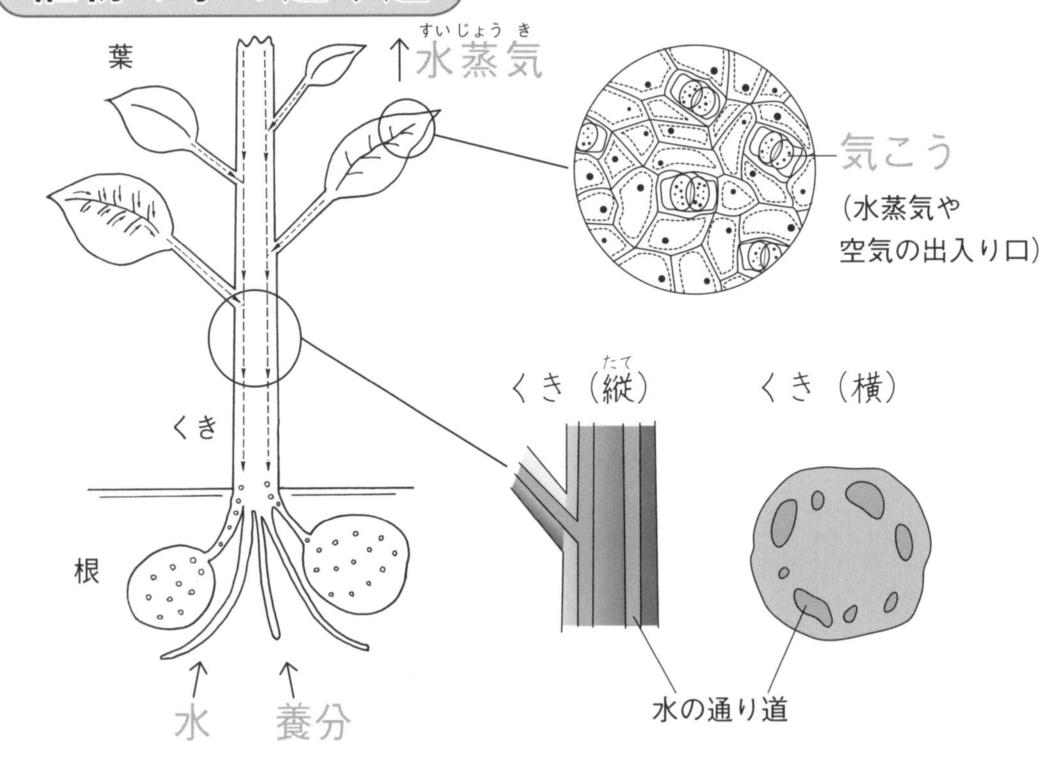

植物と養分

でんぷん＋ヨウ素液→青むらさき色

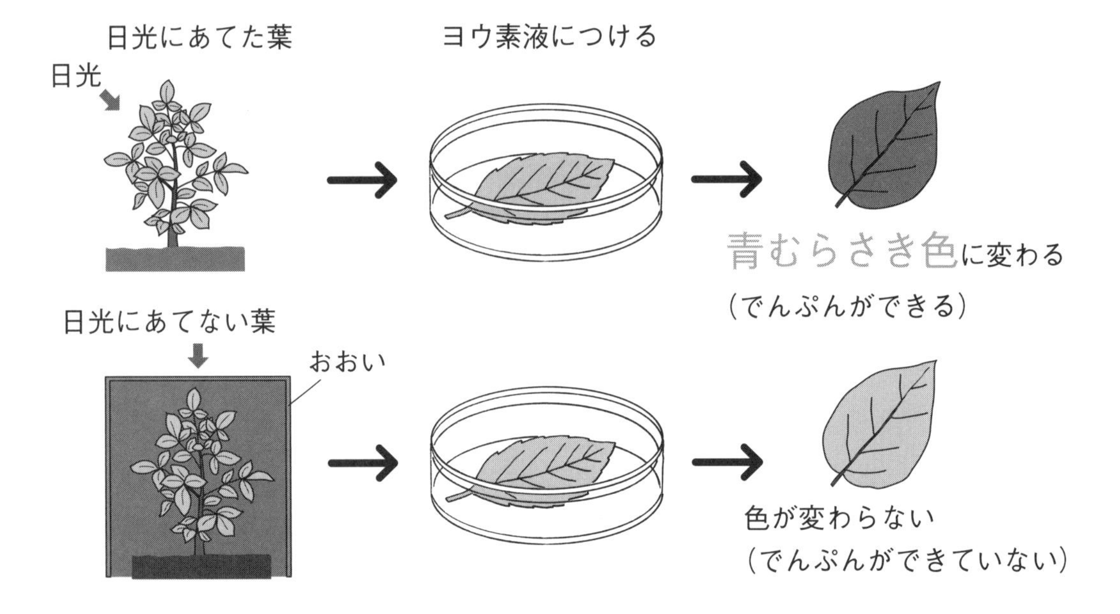

でんぷんの調べ方

にる方法

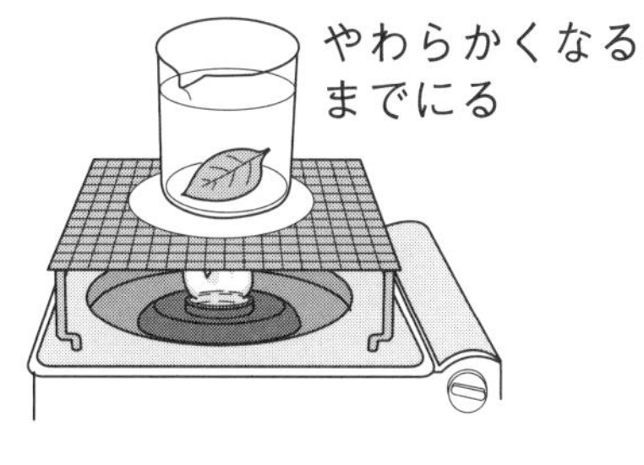

やわらかくなるまでにる

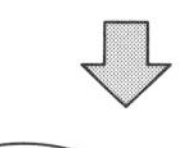

水で冷やす

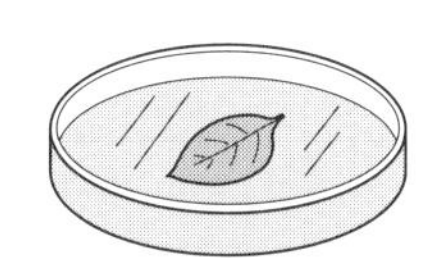

うすいヨウ素液につける

たたき出す方法

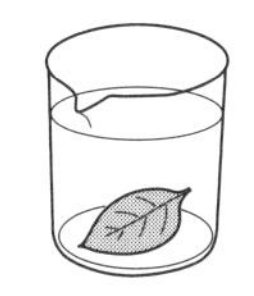

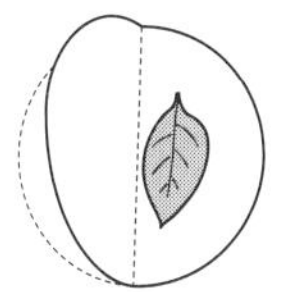

湯に１～２分入れたあと、ろ紙にはさむ

木づちでたたく

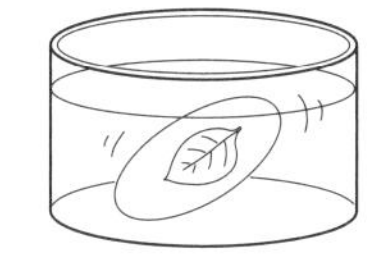

葉をはがし、ろ紙を水の中で洗(あら)う

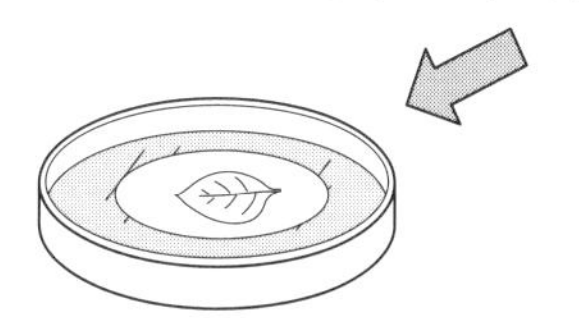

うすいヨウ素液につける

光合成

日光

二酸化炭素＋水 ➡ でんぷん＋酸素

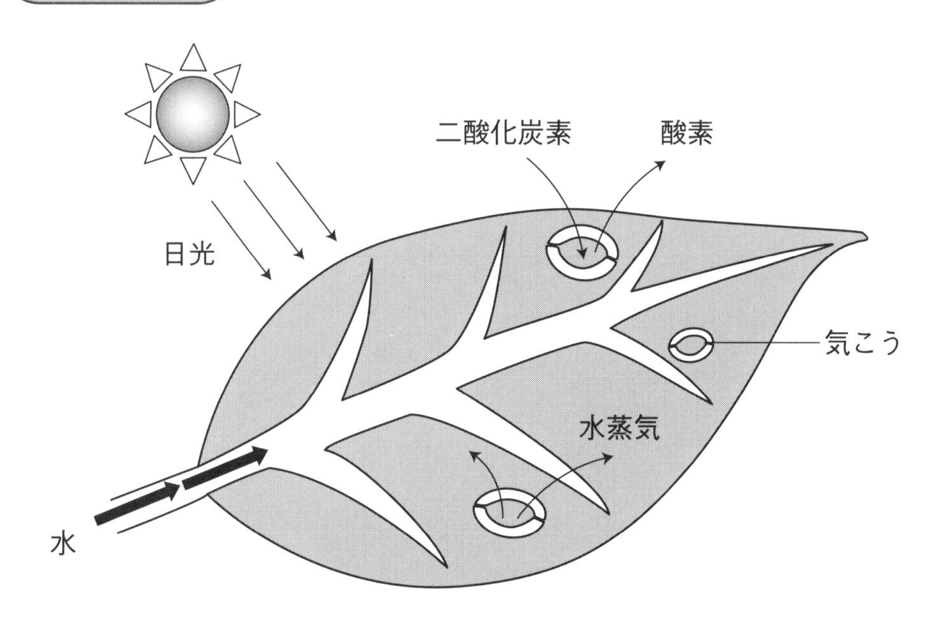

3 植物と水や空気 (1)

■1 次の(　　)にあてはまる言葉を[　　]から選んでかきましょう。

(1) 図は食べニで赤く色をつけた水にホウセンカをしばらく入れてからくきを切ったようすを表したものです。

くきの一部を横に切ってみると(①　　　)に、縦(たて)に切ってみると(②　　　)に赤く染(そ)まっていました。この赤く染まったところが(③　　　)の通り道であるとわかります。さらに、葉を取って調べてみると、葉も(④　　　)染まっていました。

水　　赤く　　円形　　縦

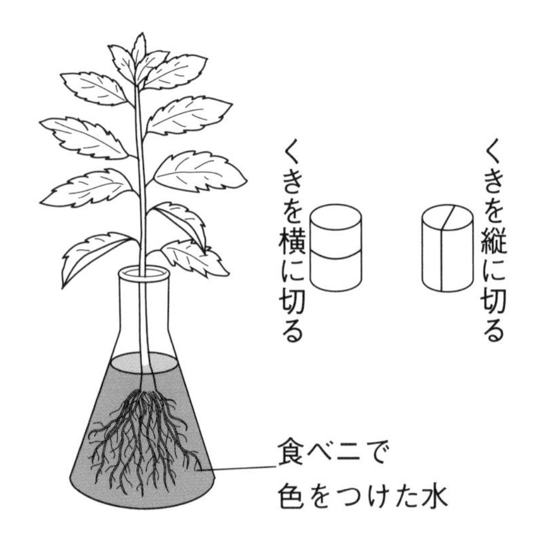

横に切る

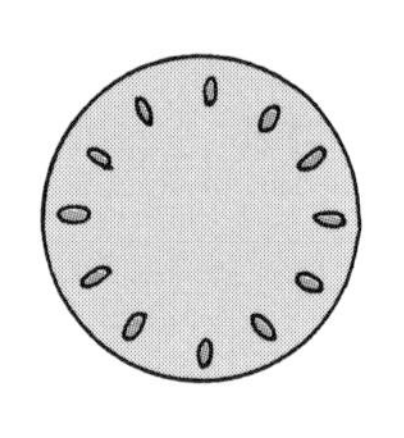

縦に切る

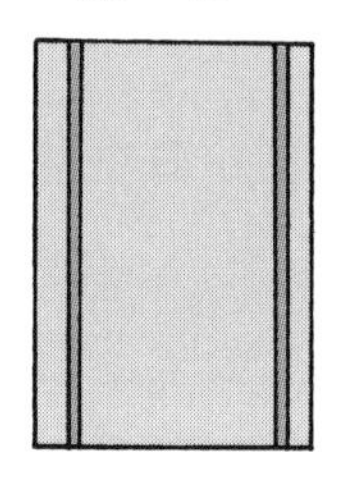

(2) このことから(①　　　)から吸(す)い上げられた水は、根・くき・葉にある(②　　　　)を通って植物の(③　　　　)に運ばれることがわかります。

根　　水の通り道　　体全体

赤く染まっている

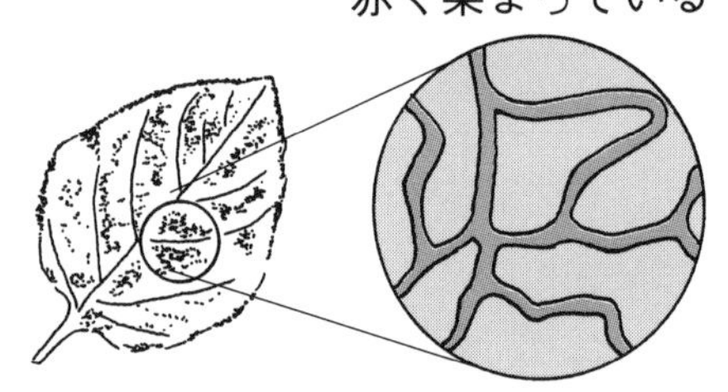

おうちの方へ　植物は、根から水分を吸い上げ、水の通り道を通り葉まで水を送ります。不要な水は気こうから蒸散させます。

2 次の(　　)にあてはまる言葉を［　］から選んでかきましょう。

(1) ジャガイモの葉のついた枝㋐と、葉をすべて取った枝㋑にビニールぶくろをかぶせました。

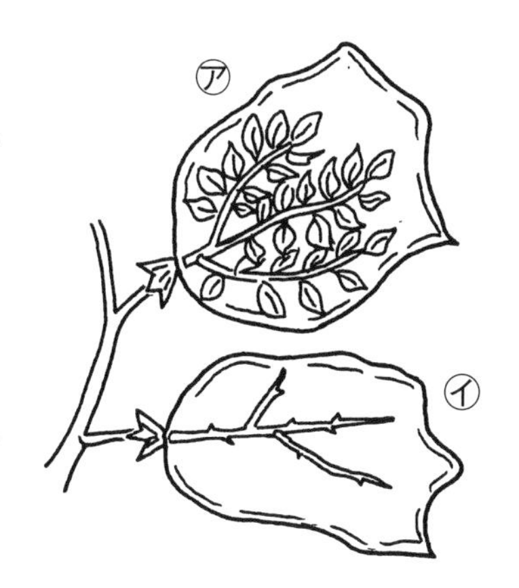

15分後、㋐のふくろには(①　　　　)がついて、(②　　　　　　)ました。㋑のふくろは(③　　　　　　)でした。

水てき	くもりません	白くくもり

(2) ジャガイモの葉をけんび鏡で観察すると、ところどころに(①　　　　)のものに囲まれた(②　　　　)というあなが見られます。(③　　　　)から運ばれてきた水は、このあなから(④　　　　)となって外へ出ていきます。

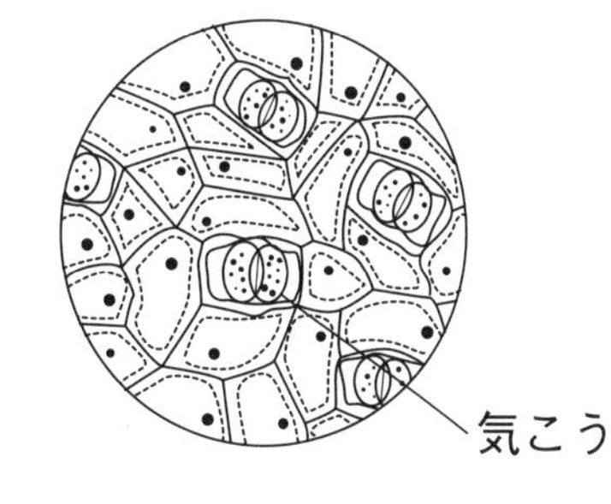

このはたらきを(⑤　　　　)といいます。

蒸散（じょうさん）	三日月形	気こう	水蒸気	根

(3) 植物が生きていくためには(①　　　　)が必要です。(①)は植物の(②　　　　　　)に満たされています。(③　　　　　)で水が外に出ると、次つぎに(①)を根から吸い上げます。

水の通り道	蒸散	水

3 植物と水や空気 (2)

月　日

1 植物が日光にあたったときの、空気中の酸素と二酸化炭素の量の変化を調べました。(　　)にあてはまる言葉を□から選んでかきましょう。

(1) ふくろに入った植物にストローを使って(①　　　)をふきこみました。酸素と二酸化炭素の割合(わりあい)を(②　　　　　)で調べます。

息　　気体検知管

(2) 1～2時間、(①　　　)にあてておき、(1)と同じように調べると、(②　　　)は、約17％から約20％に増えて、(③　　　　　)は約4％から約1％に減っていました。

〈酸素用〉

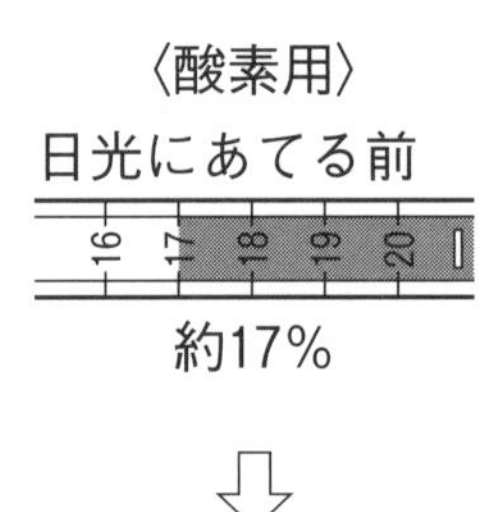

〈二酸化炭素用〉

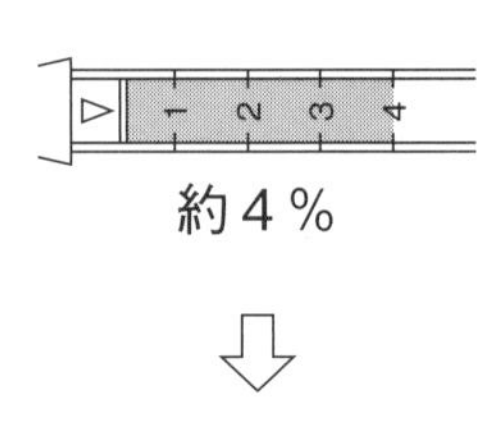

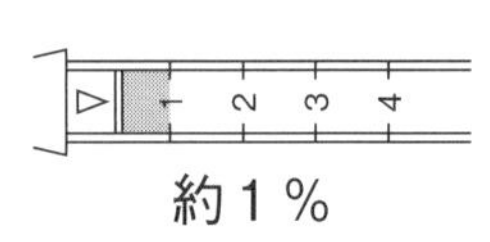

日光　　二酸化炭素　　酸素

(3) このことから葉に(①　　　)があたっているとき、空気中の(②　　　　　)を取り入れ、(③　　　)を出すことがわかります。

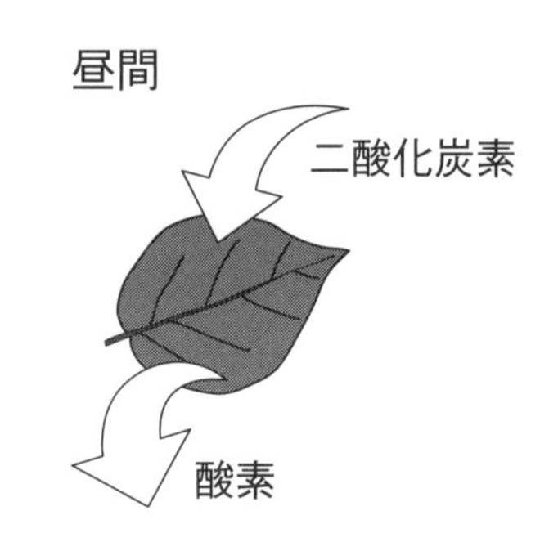

酸素　　二酸化炭素　　日光

おうちの方へ 植物は、空気中の二酸化炭素を取り入れ、日光の力で、酸素と養分をつくります。これを光合成といいます。

2 植物が日光にあたらないときの、空気中の酸素と二酸化炭素の量の変化を調べました。(　　)にあてはまる言葉や数を□から選んでかきましょう。

(1) ふくろに入った植物にストローを使って息をふきこみ、酸素と二酸化炭素の割合を調べます。

1～2時間、日光のあたらない(①　　　　)場所に置きました。

酸素は約17%から約(②　　　　)%に減り、二酸化炭素は約4%から(③　　　　)%に増えました。

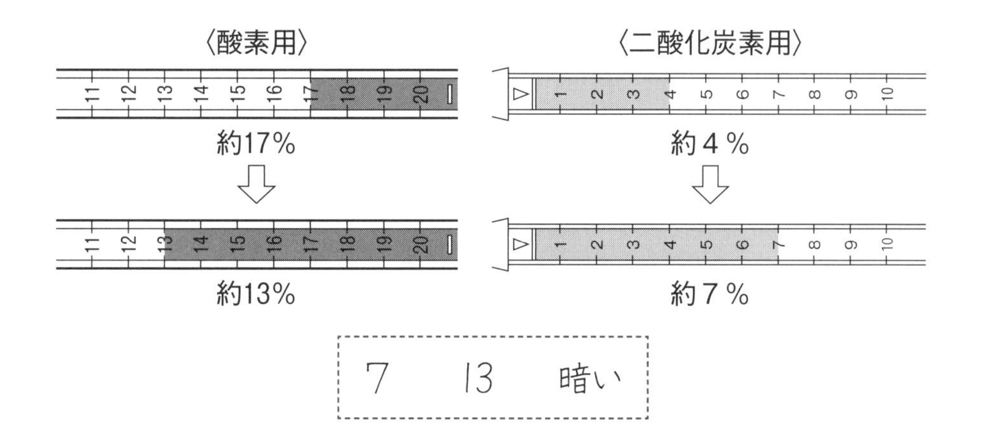

7　　13　　暗い

(2) これは植物も(①　　　　)を行っているためです。呼吸(こきゅう)は(②　　　　　　)昼間も行われていますが、呼吸で出す二酸化炭素の量より(③　　　　)の二酸化炭素を(④　　　　　　)ため、結果として二酸化炭素を出しているように見えません。

夜間

酸素

二酸化炭素

日光のあたる　　取り入れる　　多く　　呼吸

③ 植物と養分

月　日

1 葉に日光があたるとでんぷんができるかどうか、次のような実験をして調べました。正しいものに○をつけましょう。

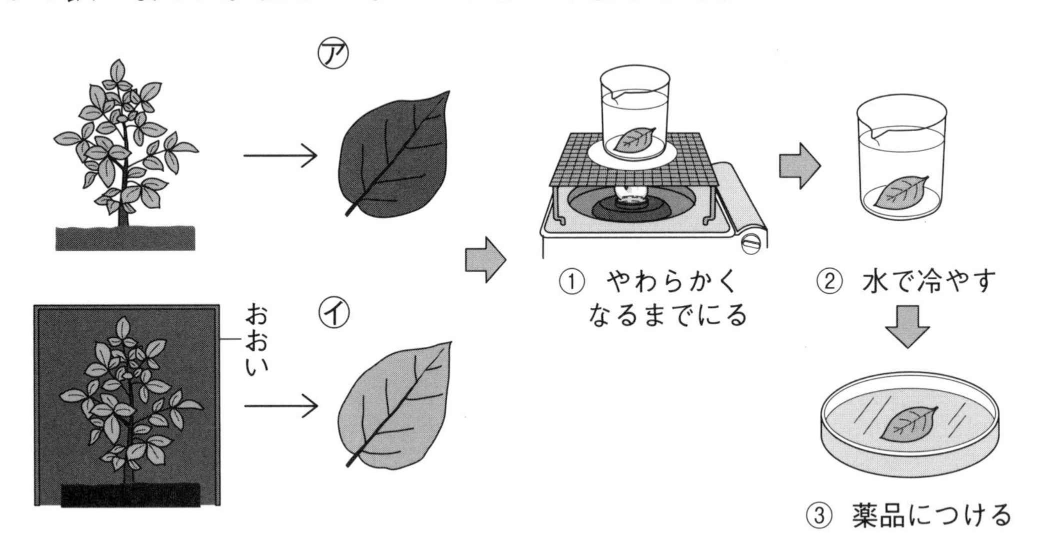

(1) ①でやわらかくなるまでにるのは、葉の緑色を（ うすく ・ こく ）するためです。

(2) ③ででんぷんがあるかどうか調べる薬品は、（ ヨウ素液 ・ BTB液 ）です。

(3) でんぷんがあると③の薬品は（ うすい黄色 ・ 青むらさき色 ）になります。

(4) でんぷんがあるのは（ ㋐ ・ ㋑ ）とわかりました。

(5) 実験の結果から、葉ででんぷんがつくられるためには、（ 酸素 ・ 日光 ）が必要だとわかりました。

(6) 植物が、でんぷんをつくるとき、同時に（ 酸素 ・ 二酸化炭素 ）もつくります。

おうちの方へ　植物が光合成によってつくりだす養分は、でんぷんです。でんぷんのありなしは、ヨウ素液で調べます。

2　ジャガイモの3枚（まい）の葉をアルミニウムで包み、でんぷんのでき方を調べました。あとの問いに答えましょう。

前の日の夕方、アルミニウムはくで包んでおく。

	次の日	
㋐の葉	朝、アルミニウムはくを外す。→	外してすぐにヨウ素液につける。
㋑の葉	朝、アルミニウムはくを外す。→	4～5時間後に、ヨウ素液につける。
㋒の葉	アルミニウムはくはそのまま。→	4～5時間後に、ヨウ素液につける。

(1)　㋐の葉をヨウ素液につけたら、色は変わりませんでした。㋑、㋒の葉をヨウ素液につけたとき、色は変わりますか、変わりませんか。

㋑(　　　　　　)　㋒(　　　　　　)

(2)　朝、葉にでんぷんがないことは、㋐～㋒のどの葉を調べた結果からわかりますか。

(　　　)

(3)　でんぷんができた葉は、㋐～㋒のどの葉ですか。

(　　　)

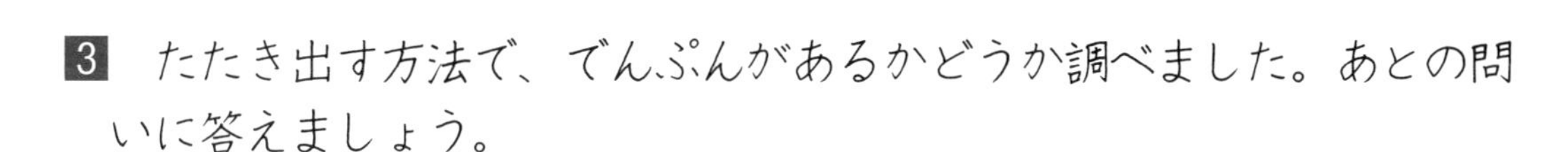

3　たたき出す方法で、でんぷんがあるかどうか調べました。あとの問いに答えましょう。

㋐

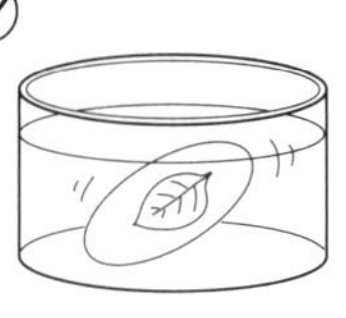

ろ紙を水で洗（あら）う

㋑

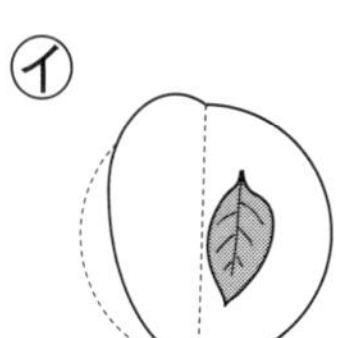

ろ紙に葉をはさむ

㋒

湯に1～2分入れる

㋓

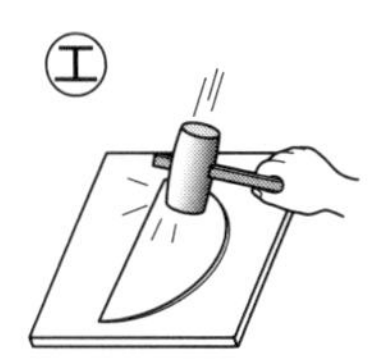

木づちでたたく

㋔

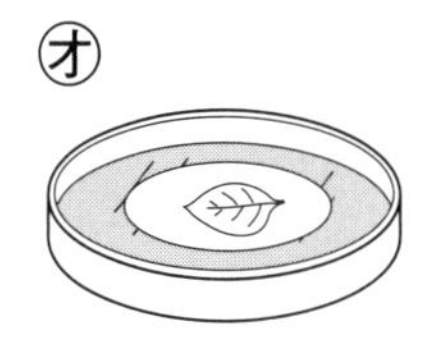

うすいヨウ素液につける

(1)　調べ方の順に、㋐～㋔をならべましょう。

(　　　)→(　　　)→(　　　)→(　　　)→(　　　)

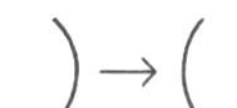

(2)　ヨウ素液につけると、でんぷんのある葉は何色になりますか。

(　　　　　　)

3 植物のつくり まとめ (1)

月　日

1 右図は、食べ二で色をつけた水にしばらくつけておいたものです。

(1) 次の(　　)にあてはまる言葉を［　］から選んでかきましょう。

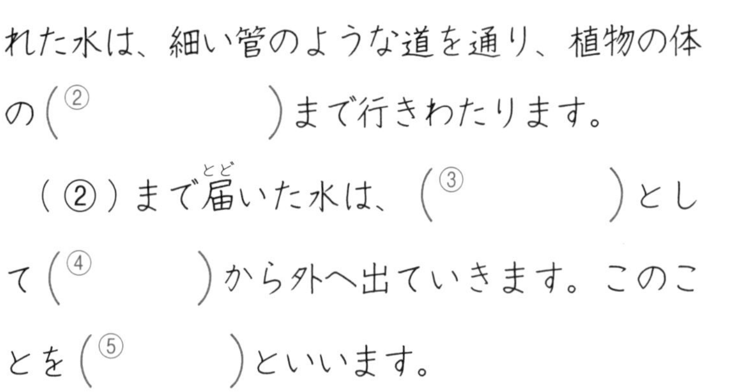

植物には(①　　　)からくき、葉へと続く水の通り道があります。(①)から取り入れられた水は、細い管のような道を通り、植物の体の(②　　　　)まで行きわたります。

(②)まで届いた水は、(③　　　　)として(④　　　)から外へ出ていきます。このことを(⑤　　　)といいます。

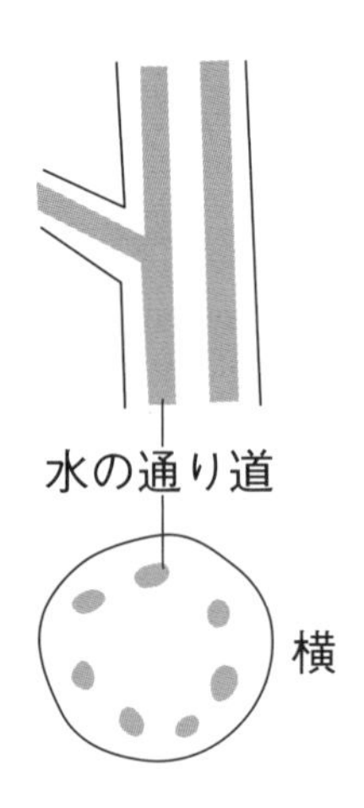

根	葉	すみずみ	水蒸気	蒸散

(2) 次の文のうち、正しいものには○、まちがっているものには×をつけましょう。

① (　　) 赤く染まった部分は、水の通り道です。

② (　　) 赤く染まった部分は、空気の通り道です。

③ (　　) くきは赤く染まりましたが、葉は赤く染まりませんでした。

④ (　　) くきだけでなく、葉も赤く染まりました。

⑤ (　　) 根から吸い上げられた水は、植物の体全体に届けられます。

⑥ (　　) 根から吸い上げられた水は、葉にだけ届けられます。

⑦ (　　) 葉に届いた水は、気こうから水蒸気として外に出ます。

⑧ (　　) 葉に届いた水は、気こうから水のまま外に出ます。

2 次の図は昼間の植物の葉のはたらきを示しています。あとの問いに答えましょう。

(1) ㋐、㋑、㋒は何ですか。㋑は空気中の気体で、㋒は根から運ばれたものです。

㋐（　　　　　　　）

㋑（　　　　　　　）

㋒（　　　　　　　）

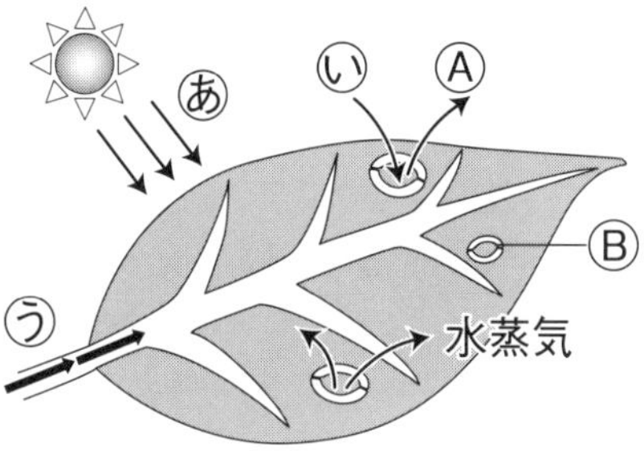

(2) 出ていく気体Ⓐとそのあなⓑは何ですか。

Ⓐ（　　　　　　　）　Ⓑ（　　　　　　　）

(3) このはたらきを何といいますか。また、その結果できるものは何ですか。

名前（　　　　　　　）、できるもの（　　　　　　　）

3 図のようにビーカーに取りたての葉を入れて、ビニールをかぶせ、暗い部屋に置きました。

(1) 数時間後、ビーカーの中の空気を注射器で吸い、石灰水の中に入れてみました。石灰水はどうなりますか。次の中から選びましょう。

①（　　）白くにごる　　②（　　）変化なし

③（　　）青むらさきになる

(2) (1)の実験によって、ビーカーの中の空気に何が増えましたか。

（　　　　　　　）

(3) これを「植物の○○」といいます。漢字2字でかきましょう。

（植物の　　　　　）

③ 植物のつくり まとめ (2)

月　日

1 次の(　　)にあてはまる言葉を[　　]から選んでかきましょう。

(1) 右図のように、大きさが同じぐらいの枝を選びます。

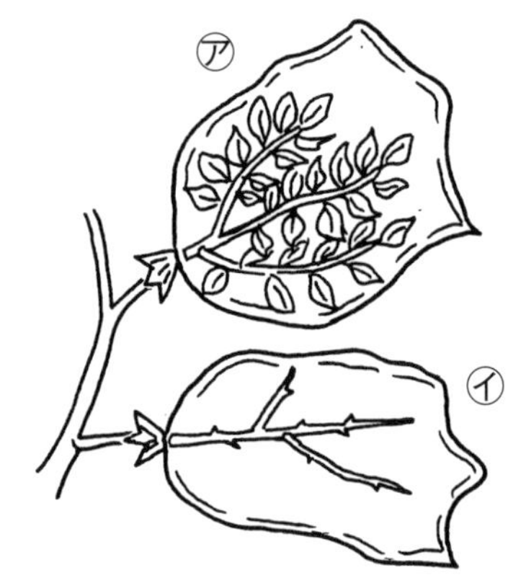

㋐ 葉はそのままにして、ビニールぶくろをかぶせます。

㋑ 葉を全部取って、ビニールぶくろをかぶせます。

10～15分間、そのままにしておきました。すると(①　　　)のふくろに水てきが多くついていました。このことから、水はおもに(②　　　)から出ていくことがわかります。このことを(③　　　)といいます。

植物の(④　　　)から吸い上げられた水は、(⑤　　　)を通り、葉まで運ばれます。水は養分をとかして体のすみずみに送り、(②)から蒸発します。

㋐　蒸散　葉　くき　根

(2) 葉の表面をけんび鏡で見ると、ところどころに(①　　　)の形をしたものに囲まれたあながあります。植物の体の中の水は、このあなから(②　　　)となって出ていきます。このあなは(③　　　)や(④　　　)の出入口でもあります。

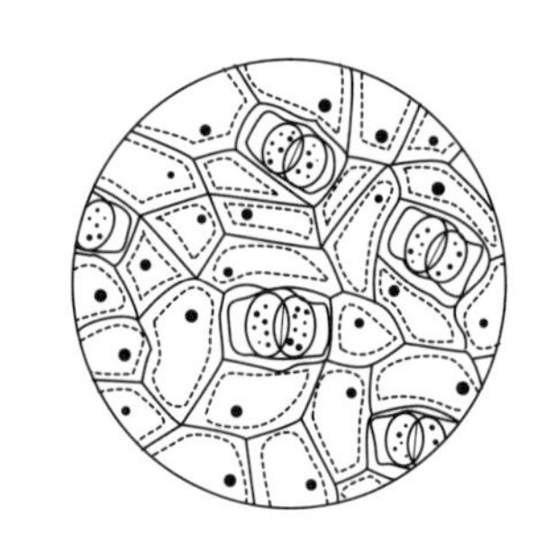

酸素　二酸化炭素　三日月　水蒸気

2 気体検知管を使って、植物に日光があたったときの、空気中の酸素と二酸化炭素の量の変化を調べました。あとの問いに答えましょう。

(1) ①、②はそれぞれ酸素、二酸化炭素のどちらを調べたものですか。

①（　　　　　　）

②（　　　　　　）

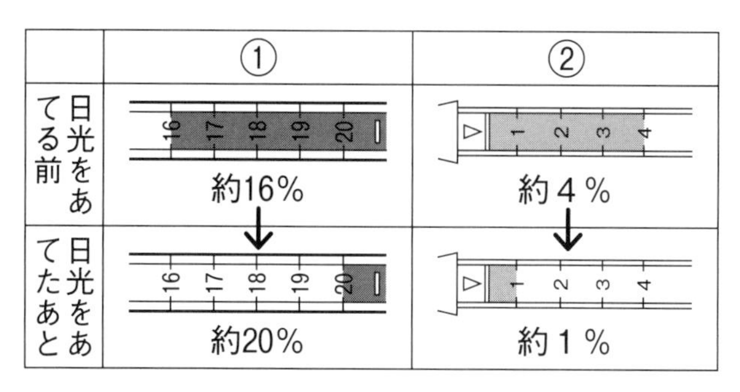

	①	②
日光をあてる前	約16%	約４%
日光をあてたあと	約20%	約１%

(2) 日光があたったとき、植物に取り入れられる気体は何ですか。

（　　　　　　）

(3) 日光があたったとき、植物から出される気体は何ですか。

（　　　　　　）

(4) 日光があたったとき、(3)のほかに養分ができます。養分の名前をかきましょう。（　　　　　　）

3 夕方、ジャガイモの葉の一部だけをアルミニウムで包み、次の日、日光に十分あてたあと、でんぷんができているか調べました。

(1) ヨウ素液につけると、葉の色はどうなりますか。次の①～③から選びましょう。（　　）

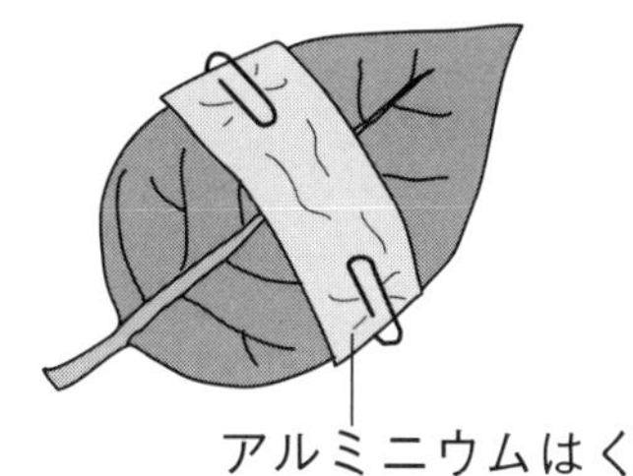

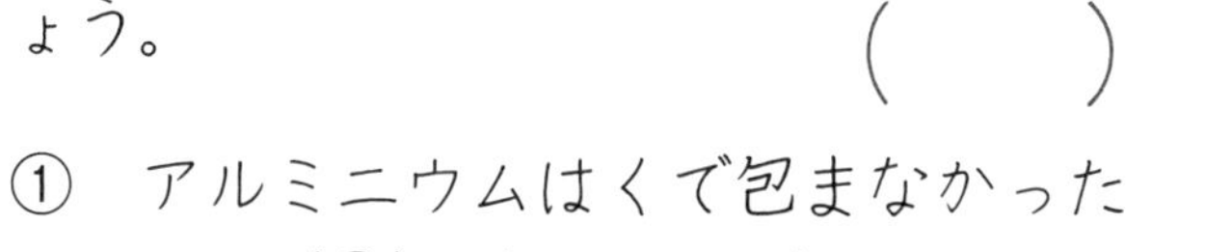

① アルミニウムはくで包まなかったところ（㋑）だけ、色が変わった。

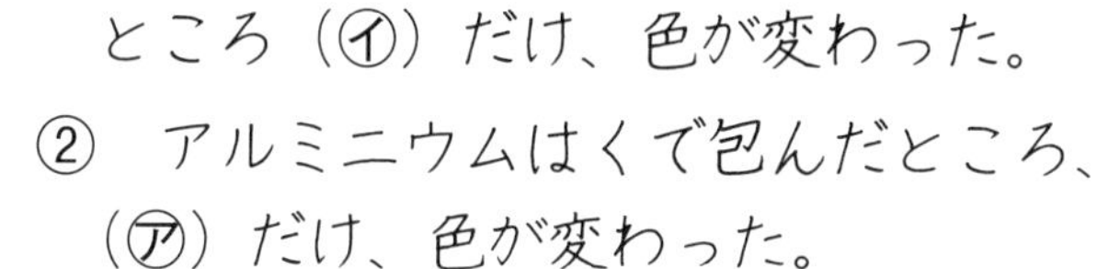

② アルミニウムはくで包んだところ、（㋐）だけ、色が変わった。

③ 葉全体の色が変わった。

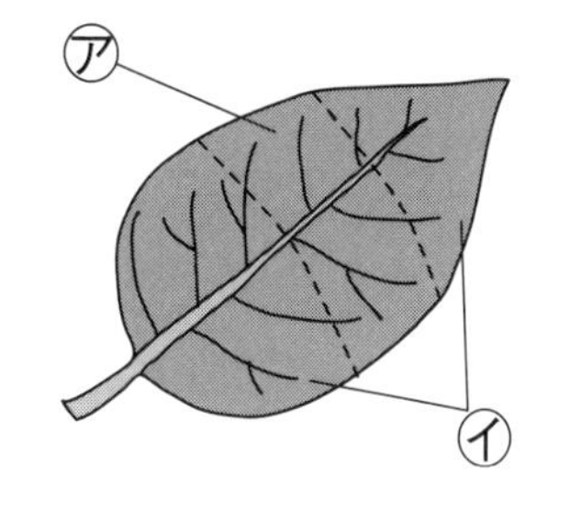

(2) でんぷんができているのは、㋐、㋑のどちらですか。（　　）

(3) でんぷんができるためには、何が必要だとわかりましたか。

（　　　　　　）

水よう液の性質

月　日

ホップ

◆ なぞったり、色をぬったりしてイメージマップをつくりましょう

水よう液の仲間分け

水よう液　水にものがとけてとう明になった液
とけたものの重さがある

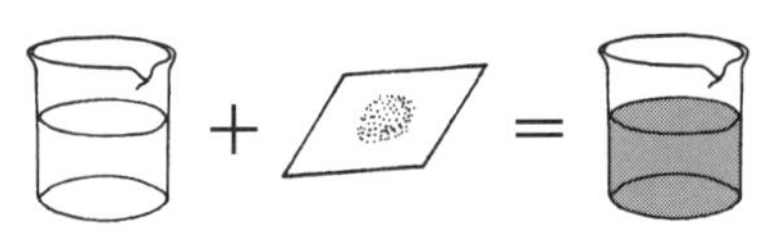

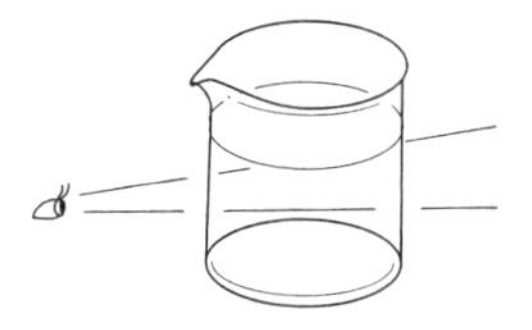

とう明

水よう液	色・味・におい・など	酸性・中性・アルカリ性
塩酸	とう明、しげき的なにおい	酸性
炭酸水	とう明、あわが出る、石灰水を白くにごらせる	酸性
酢（す）	とう明、すっぱい、しげき的なにおい	酸性
食塩水	とう明、しょっぱい	中性
石灰水（せっかいすい）	とう明	アルカリ性
アンモニア水	とう明、しげき的なにおい	アルカリ性
水酸化ナトリウム水よう液	とう明、ぬるぬるする	アルカリ性

水よう液と金属

鉄とうすい塩酸

あわを出して
とける

うすい塩酸に鉄が
とけた液から出て
きた黄色の固体

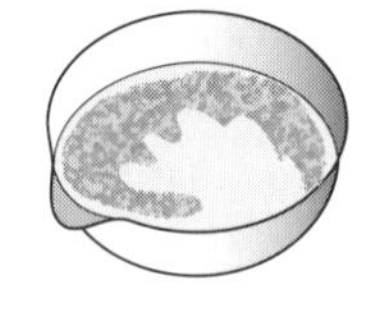

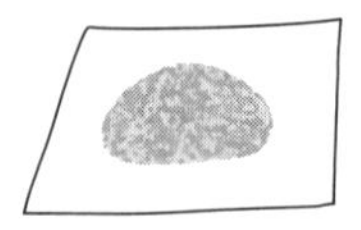

黄色いもの

鉄とは別のものに
なった

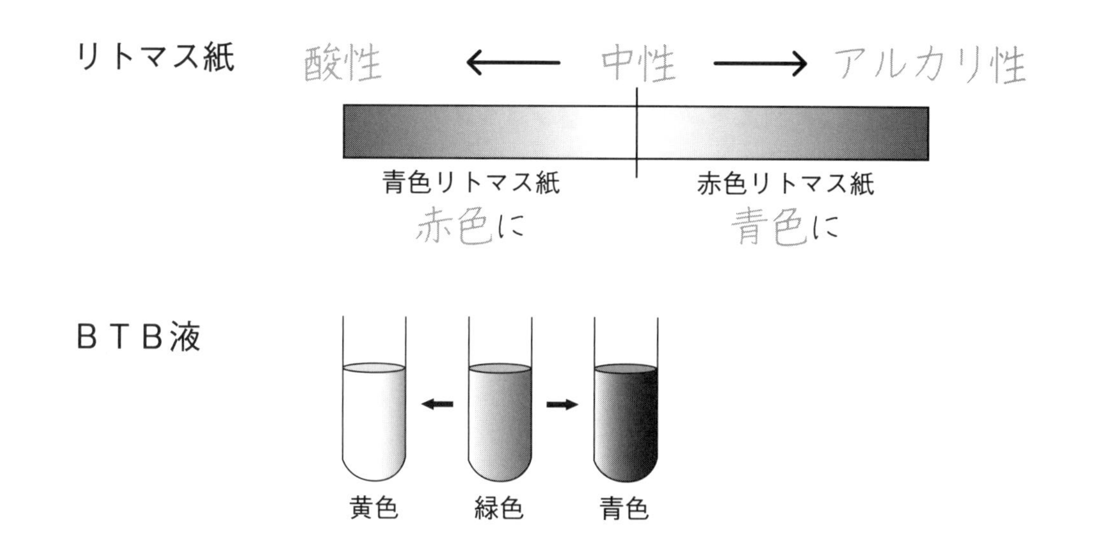

金属をとかす		とけているもの	
鉄（スチールウール）	アルミニウム	とけているもの	蒸発させたとき
○ あわを出してとける	○	気体（塩化水素）	何も残らない
		気体（二酸化炭素）	何も残らない
		液体（さく酸）	
×とけない	×	固体（食塩）	白いものが残る
		固体（石灰）	白いものが残る
		気体（アンモニア）	何も残らない
×	○	固体（水酸化ナトリウム）	

炭酸水を調べる

4 水よう液の仲間分け (1)

月　日

1 リトマス紙について、(　　)にあてはまる言葉を[　　]から選んでかきましょう。

(1) リトマス紙には(①　　　)と青色の2種類があります。水よう液をつけて、青色リトマス紙が赤く変化すれば(②　　　)を、赤色リトマス紙が(③　　　)変化すればアルカリ性を表します。

[青く　　赤色　　酸性]

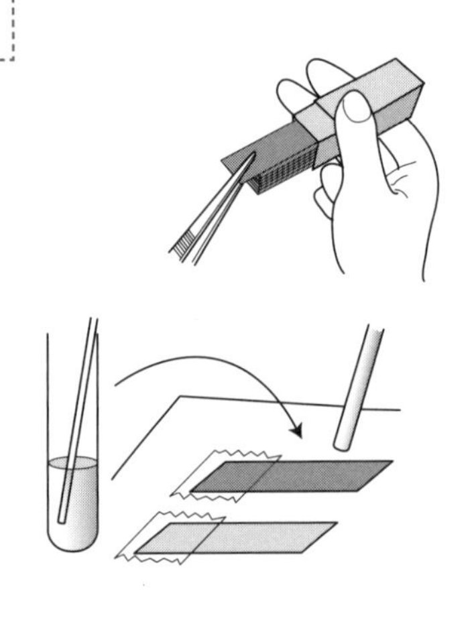

(2) リトマス紙は(①　　　　)でつかみ、直接(②　　　)でつかみません。

調べる液は(③　　　　)を使ってリトマス紙につけ、使ったガラス棒は(④　　　　)に水でよく洗(あら)います。

[指　　ガラス棒(ぼう)　　ピンセット　　1回ごと]

(3) リトマス紙以外にもムラサキキャベツ液や(①　　　　)を使って水よう液を酸性・中性・(②　　　　)に仲間分けすることができます。

[BTB液　　アルカリ性]

おうちの方へ　水よう液は、酸性・中性・アルカリ性のどれかを示します。酸性は青色リトマス紙を赤く変えます。梅干を思い出しましょう。

2　表はリトマス紙や、ＢＴＢ液を使って、いろいろな水よう液を仲間分けしたものです。（　　）にあてはまる言葉を［　］から選んでかきましょう。

	（①　　）	中性	（②　　）
リトマス紙の変化	赤［　］ 変化なし 青［●］ 青→赤	赤［　］ （③　　） 青［　］ 変化なし	赤［●］ （④　　） 青［　］ 変化なし
水よう液	（⑤　　） 炭酸水	（⑥　　） さとう水	水酸化ナトリウム水よう液 石灰水（せっかいすい）
ＢＴＢ液	（⑦　　）	緑	（⑧　　）

［酸性　アルカリ性］

［変化なし　赤→青］

［食塩水　塩酸］

［黄　青］

3　水よう液をあつかう実験をするときの注意について、（　　）にあてはまる言葉を［　］から選んでかきましょう。

水よう液はビーカーに（①　　）以下、試験管には（②　　）程度を入れます。

においは直接鼻を近づけず、（③　　）であおいで確めます。水よう液が手などについたら、すぐ（④　　）で十分に洗い流します。

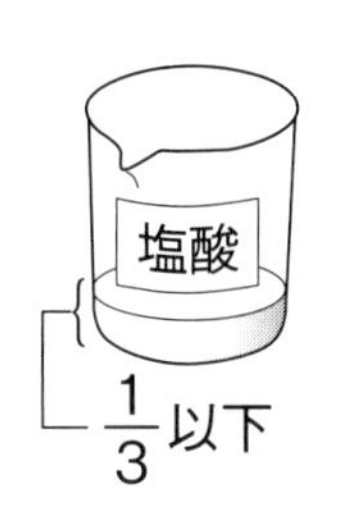

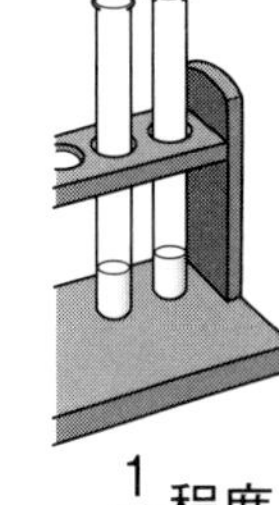

［$\frac{1}{3}$　$\frac{1}{5}$　水　手］

4 水よう液の仲間分け (2)

月　日

ステップ

1 次の(　　)にあてはまる言葉を[　　]から選んでかきましょう。

リトマス紙（リトマス試験紙）は、リトマスゴケからつくった(①　　　)性・(②　　　　　　)性を示す試験紙です。リトマス紙には、青と赤の２種類があり、青色リトマス紙を(③　　　)変わば酸性を表し、赤色リトマス紙を(④　　　)変わればアルカリ性を表します。

リトマス紙の他に(⑤　　　　　)など酸性・アルカリ性を示す薬品があります。(⑥　　　　　　)のしるも酸性で変色します。

酸	アルカリ	ＢＴＢ液
ムラサキキャベツ	青く	赤く

2 リトマス紙の使い方で正しいもの３つに○をつけましょう。

①（　　）リトマス紙は手でさわっても正しく調べられます。

②（　　）リトマス紙は手のあせなどがつかないようピンセットを使ってあつかいます。

③（　　）調べる水よう液にリトマス紙を直接つけます。

④（　　）調べる水よう液はガラス棒(ぼう)を使ってリトマス紙につけます。

⑤（　　）使ったガラス棒は１回ごとに水でよく洗(あら)います。

⑥（　　）時間のむだなので、使ったガラス棒は、１回ごと水で洗う必要はありません。

おうちの方へ　酸性の水よう液に塩酸・炭酸水など、アルカリ性の水よう液に水酸化ナトリウム水よう液・石灰水などがあります。

3 表はリトマス紙を使って水よう液を調べました。

水よう液	リトマス紙の色の変化のようす		水よう液の性質
	青色リトマス紙	赤色リトマス紙	
水酸化ナトリウム水よう液 石灰水（せっかいすい）	（①　　）	青色に変化	（㋐　　）
食塩水 さとう水	変化なし	（②　　）	（㋑　　）
塩酸 炭酸水	（③　　）	変化なし	（㋒　　）

(1) リトマス紙の変化のようすを①～③の（　　）に、変化なし・赤色に変化とかきましょう。

(2) 実験の結果から、それぞれの水よう液の性質は何だとわかりますか。水よう液の性質の㋐～㋒の（　　）に、酸性・中性・アルカリ性をかきましょう。

4 水よう液について正しいものに○をつけましょう。

①（　　）赤色リトマス紙を青色に変える水よう液は酸性です。

②（　　）赤色リトマス紙につけても変化しない水よう液は中性です。

③（　　）酸性の水よう液にＢＴＢ液を入れると黄色に変色します。

④ 水よう液と金属 (1)

月　日

■1 うすい塩酸に鉄（スチールウール）を入れる実験をしました。（　　）にあてはまる言葉を□から選んでかきましょう。

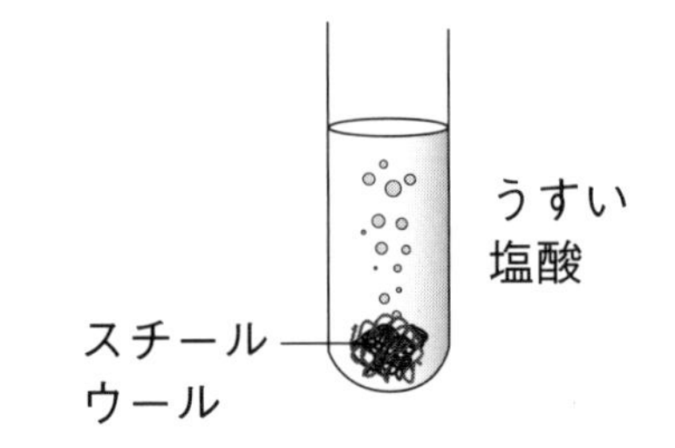

(1) 鉄は、さかんに（①　　　　）を出しながら（②　　　　）いきます。試験管は（③　　　　）なりました。

熱く　　あわ　　とけて

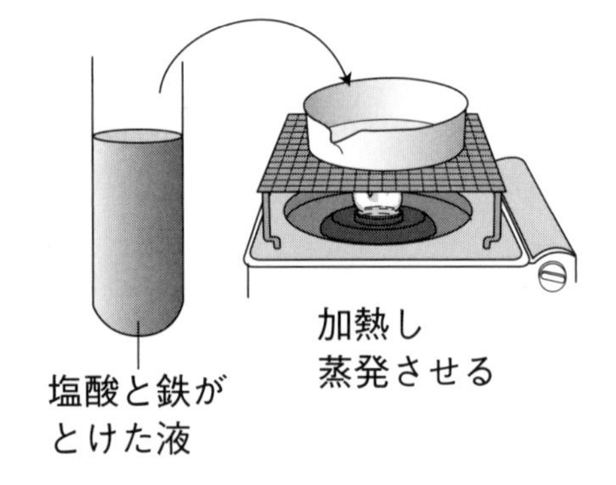

(2) 鉄がとけた液を（①　　　　）に少し入れて（②　　　　）します。液が蒸発（じょうはつ）するとあとに（③　　　　）ものが残りました。

加熱　　黄色い　　蒸発皿

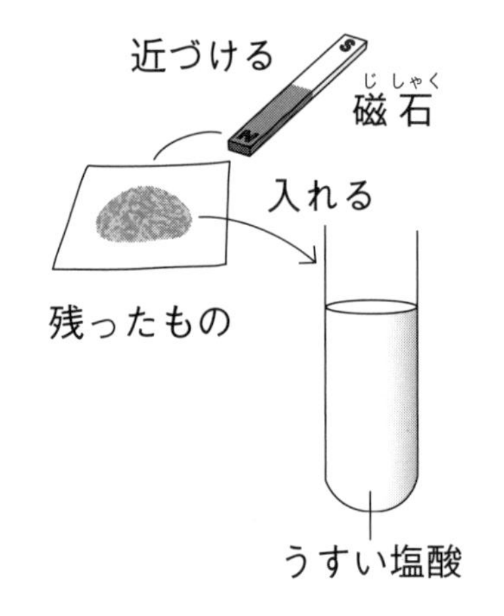

(3) 蒸発皿に残った黄色いものをうすい塩酸に入れると（①　　　　）を出さずにとけます。

また、磁石（じしゃく）を近づけると（②　　　　　　　　）。

このことから蒸発皿に残ったものは、元の鉄とは（③　　　　）だといえます。

あわ　　引きつけられません　　別のもの

おうちの方へ 塩酸に鉄をとかして、その液を蒸発させて取り出したものは、鉄とは別のものになっています。

2 次の(　　)にあてはまる言葉を[　　]から選んでかきましょう。

水酸化ナトリウム水よう液

アルミニウム

鉄

うすい水酸化ナトリウムの水よう液に、アルミニウムと鉄を入れました。

アルミニウムは(①　　　　)を出して(②　　　　　　)が、鉄の方は(③　　　　　　)でした。

とけません　　とけました　　あわ

3 ピペットの使い方について、(　　)にあてはまる言葉を[　　]から選んでかきましょう。

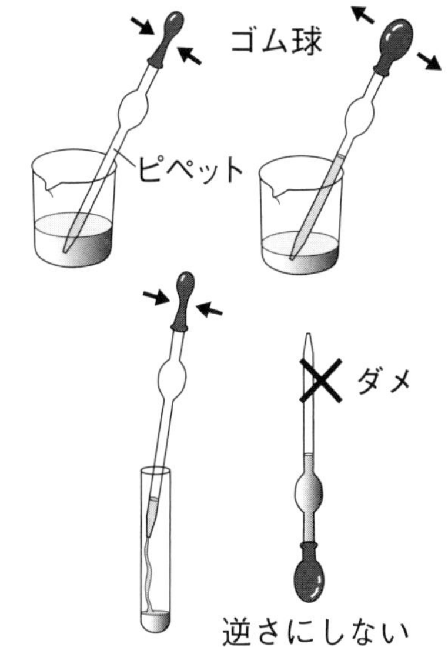

(1) まず(①　　　　　)を軽くおしながら(②　　　　　)の先を水よう液に深く入れます。そして、ゴム球をそっと(③　　　　　)ながら、水よう液を吸(す)い上げます。

ゴム球　　はなし　　ピペット

(2) 次にピペットの先を(①　　　　　)に入れ、ゴム球を軽く(②　　　　　)水よう液を注ぎます。

ゴム球に水よう液が(③　　　　　)ように気をつけます。

試験管　　入らない　　おして

4 水よう液と金属 (2)

月　日

ステップ

1 うすい水酸化ナトリウム水よう液、うすい塩酸、食塩水にアルミニウムや鉄を入れる実験をしました。正しい答えを［　］から選んで記号で答えましょう。

(1) うすい水酸化ナトリウム水よう液の中に、アルミニウムと鉄を入れます。

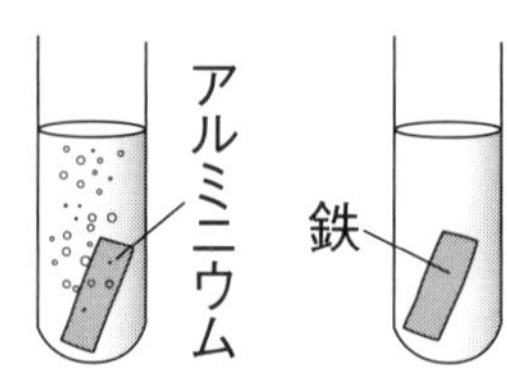

① アルミニウムはどうなりますか。

（　　）

② 鉄はどうなりますか。

（　　）

(2) うすい塩酸の水よう液に、アルミニウムと鉄を入れます。

① アルミニウムはどうなりますか。

（　　）

② 鉄はどうなりますか。

（　　）

(3) 食塩水の中に、アルミニウムと鉄を入れます。

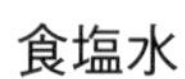

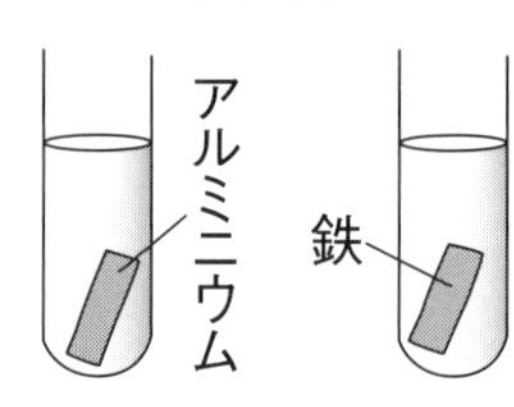

① アルミニウムはどうなりますか。

（　　）

② 鉄はどうなりますか。

（　　）

> ㋐ あわを出してとける。
> ㋑ あわを出さずにとける。
> ㋒ とけない。

おうちの方へ 水酸化ナトリウムの水よう液は、アルミニウムはとかしますが、鉄はとかしません。

2 図は、うすい塩酸に、鉄を入れてとかした液を調べたものです。( )から正しい答えを選んで○をつけましょう。

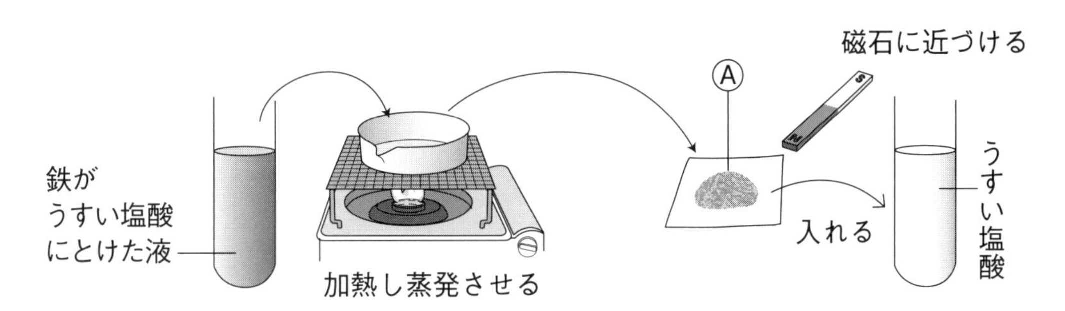

(1) 蒸発皿に残ったものⒶは何色ですか。

(黄色・白色)

(2) Ⓐを磁石(じしゃく)に近づけました。どうなりますか。

(つく・つかない)

(3) Ⓐを再びうすい塩酸に入れました。あわが出ますか。

(出る・出ない)

(4) Ⓐは鉄ですか。 (鉄・鉄でないもの)

3 次の( )にあてはまる言葉を[ ]から選んでかきましょう。

うすい塩酸に(①)やアルミニウムをとかすとき、発生するあわは(②)という気体です。この気体は、ばく発する危険(きけん)があります。決して(③)を近づけてはいけません。

火 水素 鉄

4 水よう液にとけているもの

月　日

ステップ

1 塩酸と食塩水について、（　　）にあてはまる言葉を［　］から選んでかきましょう。

(1) 塩酸は水に塩化水素という（①　　　　）がとけた水よう液で、（②　　　　）です。

水を蒸発（じょうはつ）させても（③　　　　）。

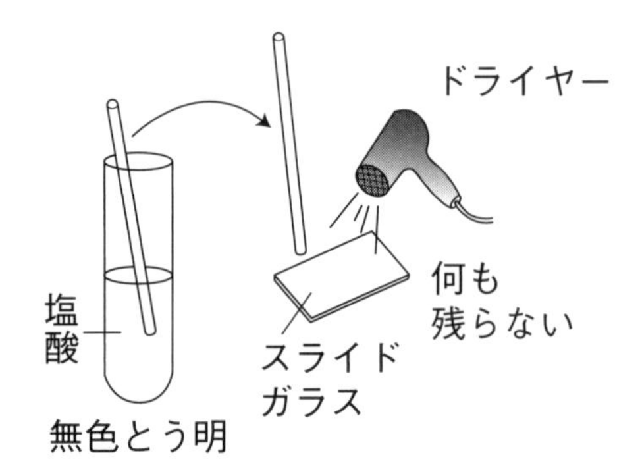

何も残りません　　気体　　無色とう明

(2) 食塩水は水に食塩という（①　　　　）がとけた水よう液で、（②　　　　）です。

水を蒸発させると（③　　　　）の白いつぶが残りました。

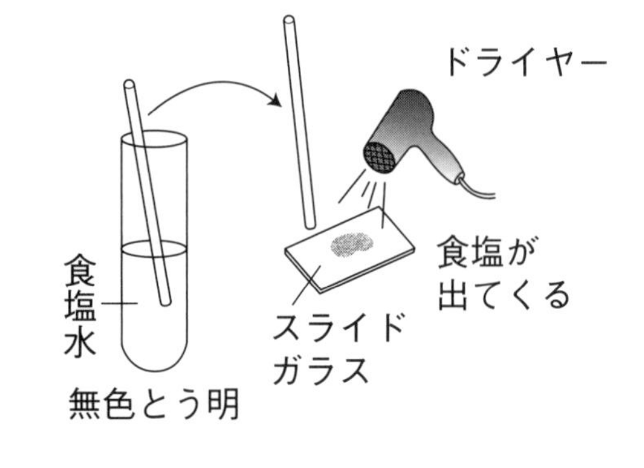

無色とう明　　固体　　食塩

2 **1**の実験をまとめます。（　　）にあてはまる言葉をかきましょう。

水よう液	塩酸	食塩水
とけているもの	（①　　　　）	（③　　　　）
気体・固体の区別	（②　　　　）	（④　　　　）
水を蒸発させる	何も残らない	白いつぶが残る

おうちの方へ　水よう液にとけているものが気体の場合は、水を蒸発させると何も残りません。

3 炭酸水にとけているものを次のように調べました。(　　)にあてはまる言葉を□から選んでかきましょう。

(1) 炭酸水から出る(①　　　　)を試験管に集めました。

石灰水(せっかいすい)を入れ、ゴムせんをしてふると(②　　　　　　)ました。

火のついた線こうを入れると(③　　　　　　)ました。

これより、炭酸水には(④　　　　　　)がとけていることがわかりました。

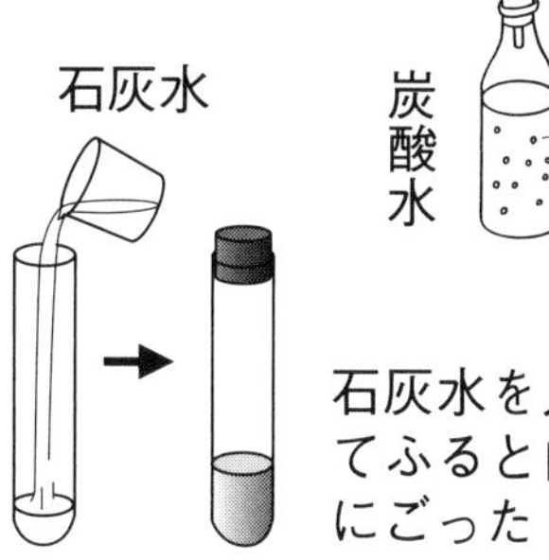

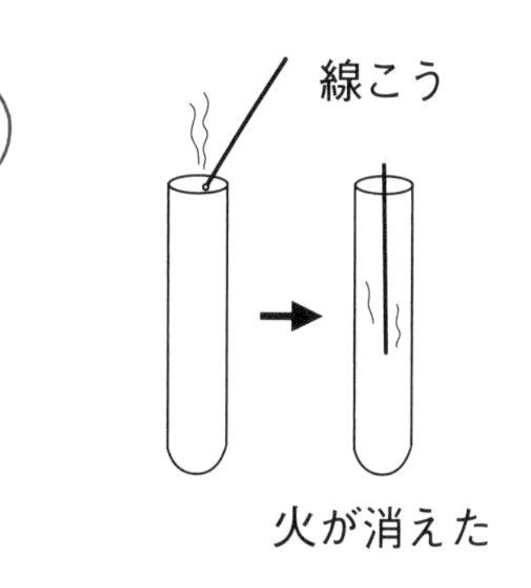

白くにごり	すぐ消え
気体	二酸化炭素

(2) ペットボトルに(①　　　)を入れ、ボンベの(②　　　　　)をふきこんでから、ふたをしてよくふります。すると、ペットボトルは(③　　　　)ます。このことから二酸化炭素は水に(④　　　　)ことがわかります。

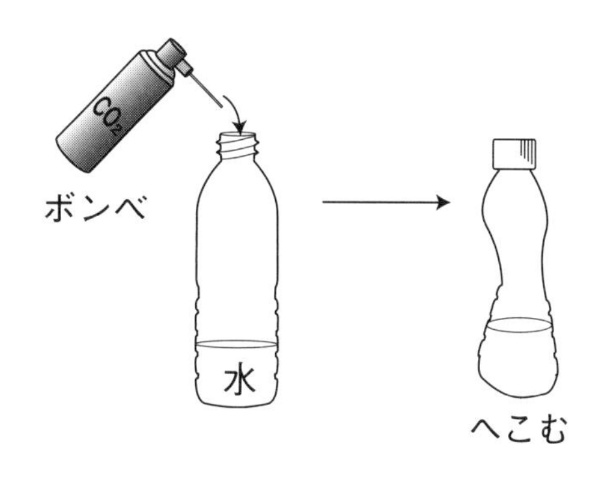

へこみ	とける	水	二酸化炭素

4 水よう液の性質 まとめ (1)

月　日

1 表はリトマス紙やBTB液を使って、水よう液の仲間分けをしたものです。(　　)にあてはまる言葉を[　　]から選んでかきましょう。

	酸　性	中　性	アルカリ性
青色リトマス紙の変化	青色→(①　　)	青色→変化なし	青色→(②　　)
赤色リトマス紙の変化	赤色→変化なし	赤色→(③　　)	赤色→(④　　)
BTB液	(⑤　　)	緑色	(⑥　　)

赤色　青色　青色　黄色　変化なし　変化なし

2 次の図は、鉄とアルミニウムをうすい塩酸と水酸化ナトリウム水よう液に入れたものです。

A　B　A　B

塩酸　水酸化ナトリウム

(1) AとBの金属は何ですか。

A (　　　　)

B (　　　　)

(2) Aがとけた塩酸を蒸発皿(じょうはつざら)に入れて熱すると固体が残りました。固体の色は何色ですか。

(　　　　)

Aがとけた塩酸

加熱して蒸発させる

固体C

(3) 固体に磁石(じしゃく)を近づけました。磁石に引きつけられますか。

(　　　　)

3 表は、塩酸、炭酸水、食塩水の性質をまとめたものです。次の(　　)にあてはまる言葉を[　　]から選んでかきましょう。

水よう液の性質	Ⓐ	Ⓑ	Ⓒ
におい	ない	ない	ある
青いリトマス紙の色の変化	青色→赤色	青色→変化なし	青色→赤色
赤いリトマス紙の色の変化	赤色→変化なし	赤色→変化なし	赤色→変化なし
蒸発皿に入れて熱する	何も残らない	固体が残る	何も残らない
石灰水(せっかいすい)に入れる	白くにごる	変化なし	変化なし

Ⓐは石灰水を白くにごらせることから(①　　　　)です。

青色、赤色リトマス紙の変化がないことからⒷは(②　　　　)の水よう液で(③　　　　)です。

Ⓒは蒸発皿に入れて熱したとき、あとに何も残らないことから水に(④　　　　)がとけている水よう液です。これは、青色リトマス紙を赤色に変えることから酸性の水よう液で(⑤　　　　)です。

中性　気体　炭酸水　食塩水　塩酸

4 次の水よう液は、酸性、中性、アルカリ性のどれですか。

① 食塩水　(　　　　)

② 塩酸　(　　　　)

③ 水酸化ナトリウム水よう液　(　　　　)

④ 炭酸水　(　　　　)

4 水よう液の性質 まとめ (2)

月　日

1 次の文のうち、正しいものには○、まちがっているものには×をつけましょう。

① (　　) 水よう液のにおいをかぐときは、直接鼻を近づけてかぎます。

② (　　) 試験管やビーカーにはたっぷり水よう液を入れます。

③ (　　) リトマス試験紙は、直接手でさわってもかまいません。

④ (　　) リトマス試験紙は、直接手でさわらず、ピンセットを使って取り出します。

⑤ (　　) 水よう液は、なめて味を確かめます。

⑥ (　　) アルコールランプのアルコールの量は、8分目ぐらいがちょうどよいです。

⑦ (　　) 火を使う実験では、ぬれぞうきんを用意します。

2 次の(　　)にあてはまる言葉を□から選んで答えましょう。

リトマス紙（リトマス試験紙）は、リトマスゴケからつくった(①　　　)性・(②　　　　)性を示す試験紙です。リトマス紙は、青と赤の２種類があり、青色リトマス紙を(③　　　　)変われば酸性を表し、赤色リトマス紙を(④　　　　)変わればアルカリ性を表します。

リトマス紙の他に(⑤　　　　　)など酸性・アルカリ性を示す薬があります。(⑥　　　　　)のしるも酸性で変色します。

酸	アルカリ	ＢＴＢ液
ムラサキキャベツ	青く	赤く

3 次の水よう液のうち、酸性のものには○、中性のものには△、アルカリ性のものには×をつけましょう。

① 酢（す）（　　） ② 石灰水（せっかいすい）（　　） ③ 炭酸水（　　）

④ 塩酸（　　） ⑤ アンモニア水（　　） ⑥ 食塩水（　　）

⑦ さとう水（　　） ⑧ 水酸化ナトリウム水よう液（　　）

4 次の㋐～㋔の５つのビーカーには、炭酸水・酢・食塩水・うすい塩酸・石灰水のどれかが入っています。

㋐ ㋑ ㋒ ㋓ ㋔

次の４つの実験をしました。㋐～㋔の液は何か調べましょう。

実験１ ㋑、㋒、㋔は青色リトマス試験紙を赤色に変えました。

実験２ 水よう液を少しとって熱したら、㋐と㋓は、あとにつぶが残りました。㋑、㋒、㋔は何も残りませんでした。

実験３ ある気体にふれると白くにごる㋐の液を㋑、㋒、㋓、㋔に加え、かきまぜると㋔だけが白くにごりました。

実験４ ㋑と㋒の液にアルミニウムを入れました。㋒の液はさかんにあわが出ました。㋑の液は変化がありませんでした。

㋐～㋔の液の名前は何ですか。

㋐（　　　　　　　） ㋑（　　　　　　　）

㋒（　　　　　　　） ㋓（　　　　　　　）

㋔（　　　　　　　）

5 月と太陽

月　日

ホップ

◆ なぞったり、色をぬったりしてイメージマップをつくりましょう

月と太陽の特ちょう

太陽

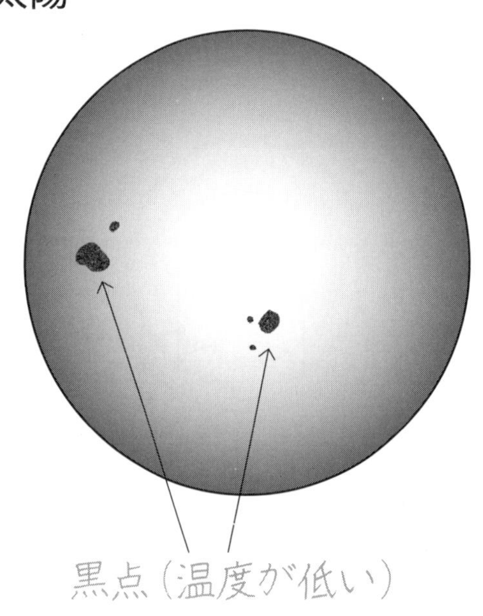

黒点（温度が低い）

月

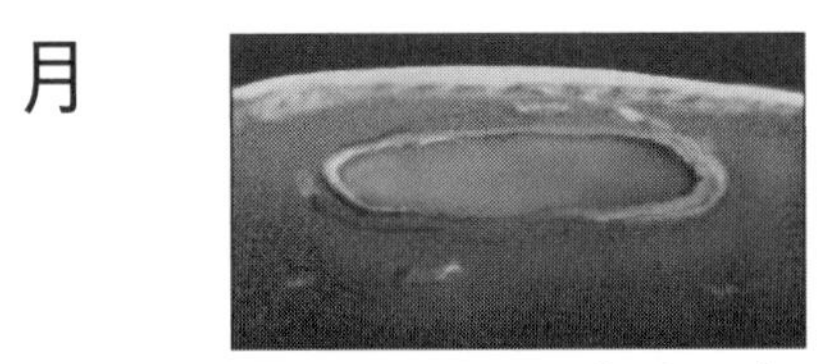

クレーター（くぼみ）

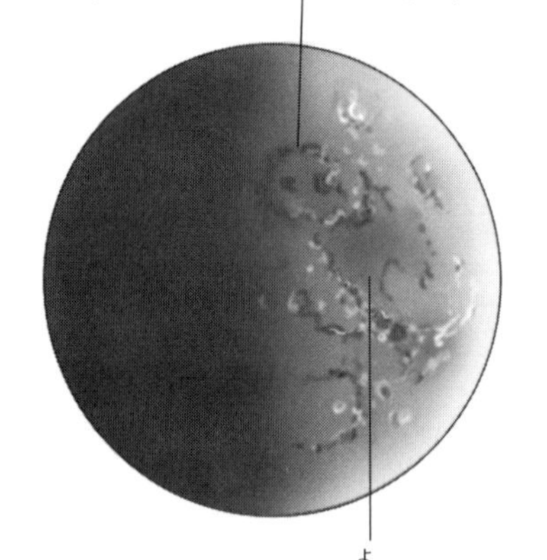

黒い部分　海と呼(よ)ばれるところ

○自分で強い光をはなつ、動かない星（こう星）

○球形で、地球の約109倍の大きさ

○表面の温度は約6000℃で、コロナというほのおを出す高温の気体のかたまり。

○太陽のはなつ光を反射して光る、地球の周りを回る星（衛星）

○球形で、地球の約$\frac{1}{4}$倍の大きさ

○表面の温度は、明るい部分は約130℃で、かげの部分は約－170℃。
岩石や砂(すな)ばかりで空気がない。

月の見え方

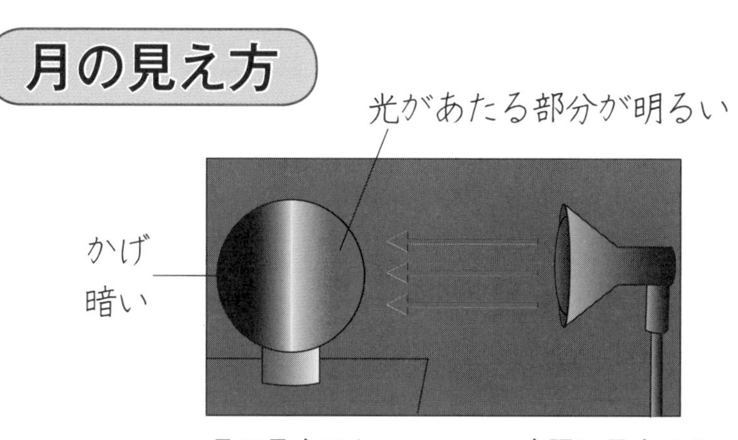

月の動きと見え方

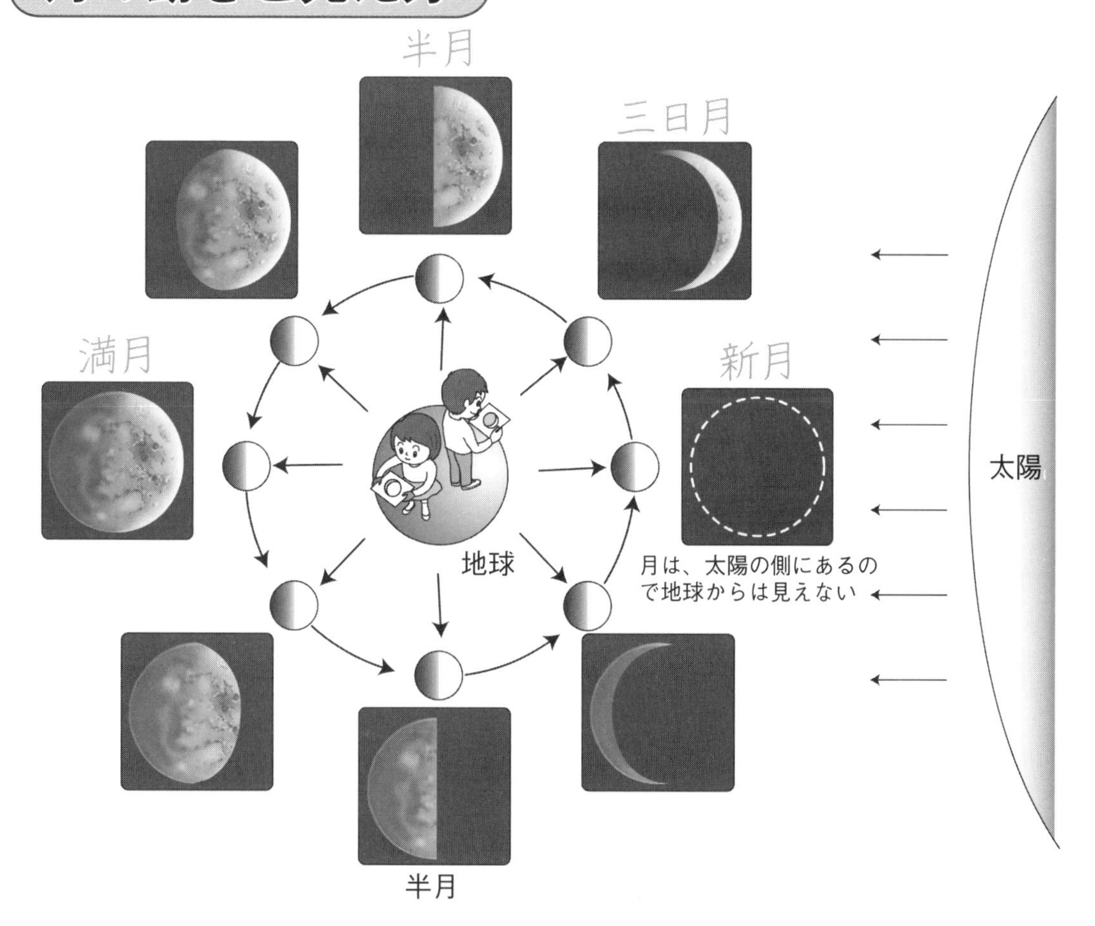

月の見え方（形）は約１か月でもとにもどる
（月は約１か月で地球の周りを回る）

5 月と太陽

1 次の(　　)にあてはまる言葉を[　　]から選んでかきましょう。

(1) 太陽は非常に(①　　　　　)、たえず(②　　　　　)を出している高温のガスのかたまりです。この光が(③　　　　　)に届(とど)き、明るさや(④　　　　　)をもたらしています。表面の温度は約(⑤　　　　　)にもなり、黒く見える部分は周りより温度が(⑥　　　　　)部分で(⑦　　　　　)と呼(よ)ばれています。

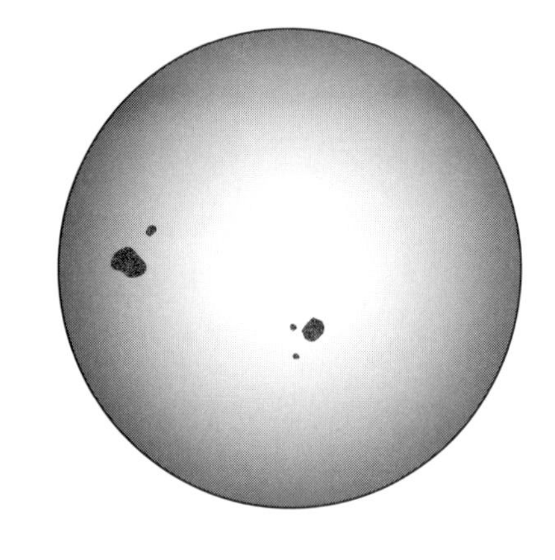

あたたかさ	6000℃	低い	黒点	大きく	強い光	地球

(2) 月は自分で光を出さず、(①　　　　　)の光を受けます。表面には(②　　　　　)や砂(すな)が広がっていて、(③　　　　　)はありません。また、石や岩がぶつかってできたくぼみの(④　　　　　)がたくさんあります。

月は、うさぎに似たもようのある半球側を常に地球に向けて回っています。

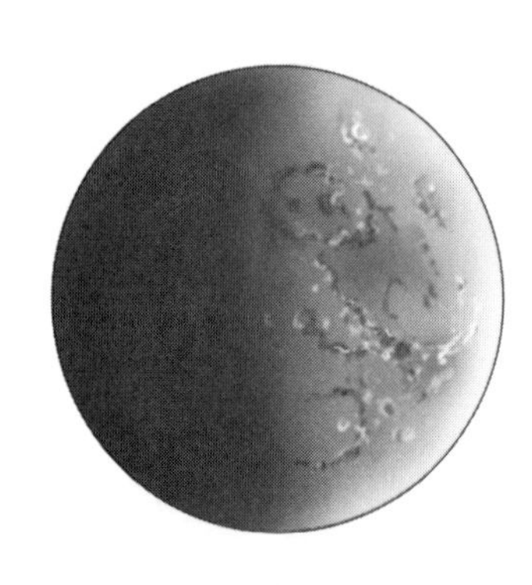

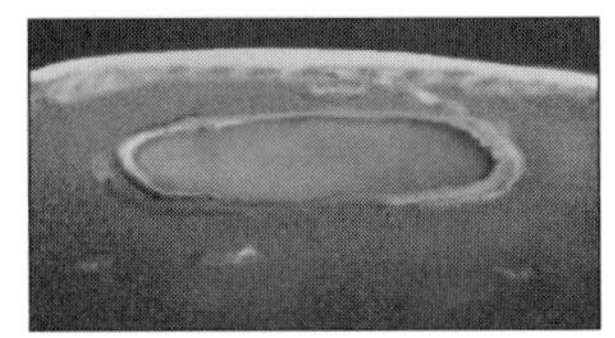

空気	クレーター	太陽	岩石

おうちの方へ　太陽は非常に大きく、地球の直径の109倍もあります。表面温度は6000℃の高温の気体のかたまりです。

2　次の(　　)にあてはまる言葉を[　　]から選んでかきましょう。

(1)　星は、太陽のように(①　　　)や熱を出す(②　　　　)や地球のように太陽の周りを回る(③　　　　)、月のように地球の周りを回っている(④　　　　)などがあります。わく星や衛星は自分で光や熱を出さず、こう星の光を(⑤　　　)して光っています。

衛星　　反射(はんしゃ)　　光　　こう星　　わく星

(2)　月の直径は地球の約(①　　　　　)倍です。太陽は非常に大きく、直径は地球の約(②　　　)倍もあります。

　地球と月は、約(③　　　　　)はなれています。地球と太陽は、約(④　　　　　　)はなれています。太陽の光と熱の(⑤　　　　　　)は非常に大きく、遠くはなれた地球にも届きます。太陽からもたらされた明るさやあたたかさは、(⑥　　　　)の生き物にとって欠かせないものです。

4分の1　　エネルギー　　地球　　1億5千万km　　38万km　　109

(3)　太陽、月、地球の順に一直線上に並(なら)ぶと、(①　　　　　)が起こり、太陽、地球、月の順に一直線上に並ぶと、(②　　　　　)が起こります。

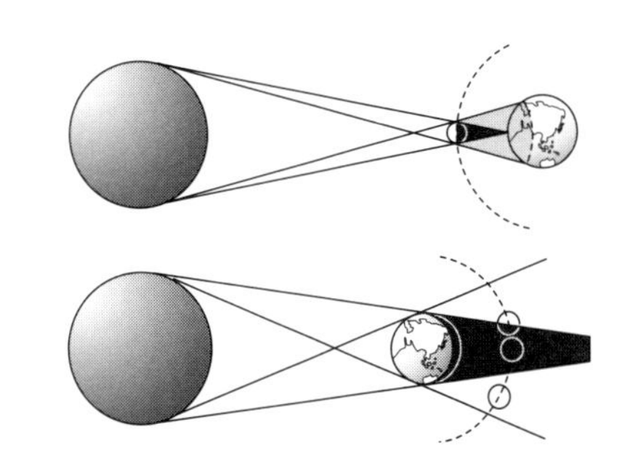

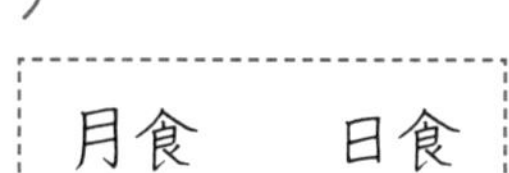

月食　　日食

5 月の形の見え方 (1)

月　日

1 月の見え方について(　　)にあてはまる言葉を[　　]から選んでかきましょう。

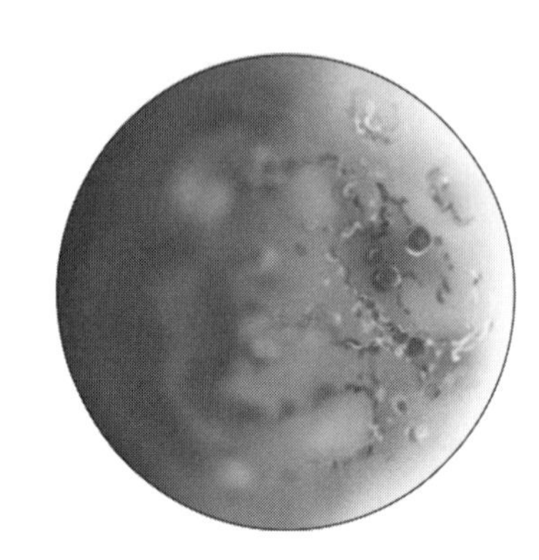

(1) 月は(①　　　)をしていますが(②　　　)に照らされている部分だけが見え、(③　　　)の部分は暗くて見えません。

日光　　球形　　かげ

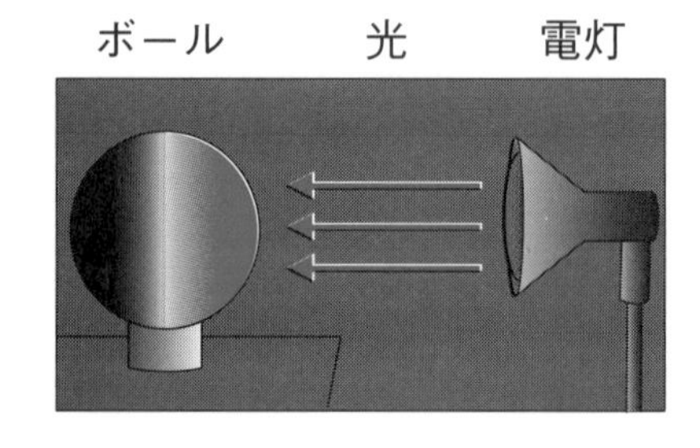

(2) ボールを(①　　　)の代わり、電灯を(②　　　)の代わりとしてボールに光をあてました。

ボールは、電灯がある側の半分が(③　　　　　　)。

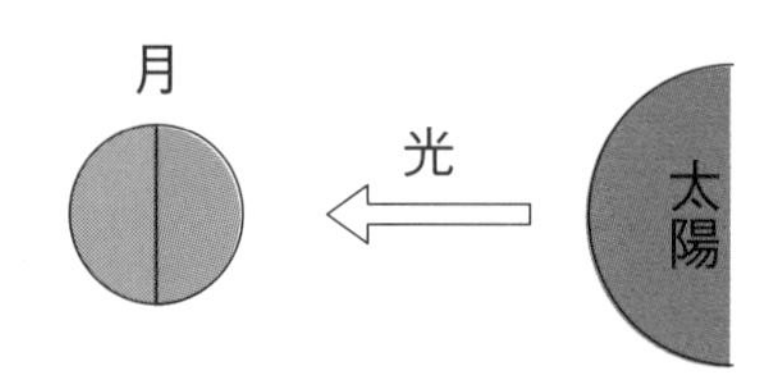

月　　太陽　　明るくなります

(3) 月は太陽の光を受けながら(①　　　　)で(②　　　)の周りを回っています。月と太陽の(③　　　　)が変わるため、地球から見た月の見え方が変わって見えます。

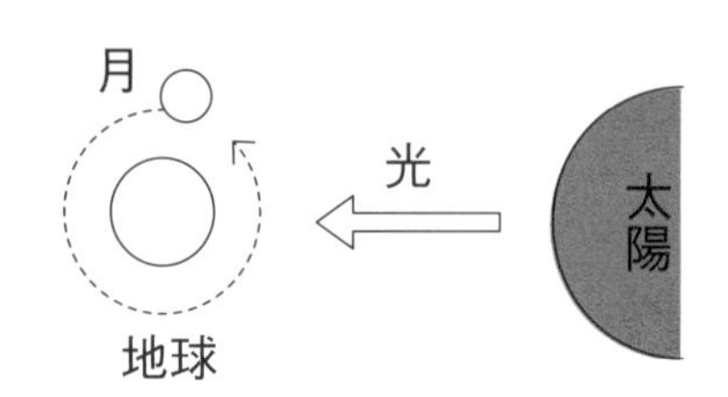

地球　　位置関係　　約１か月

おうちの方へ 月は直径が地球の4分の1の大きさです。岩石がぶつかってできたくぼみのクレーターがあります。空気はありません。

2 図はボールと電灯を使って月の形の見え方について調べたものです。

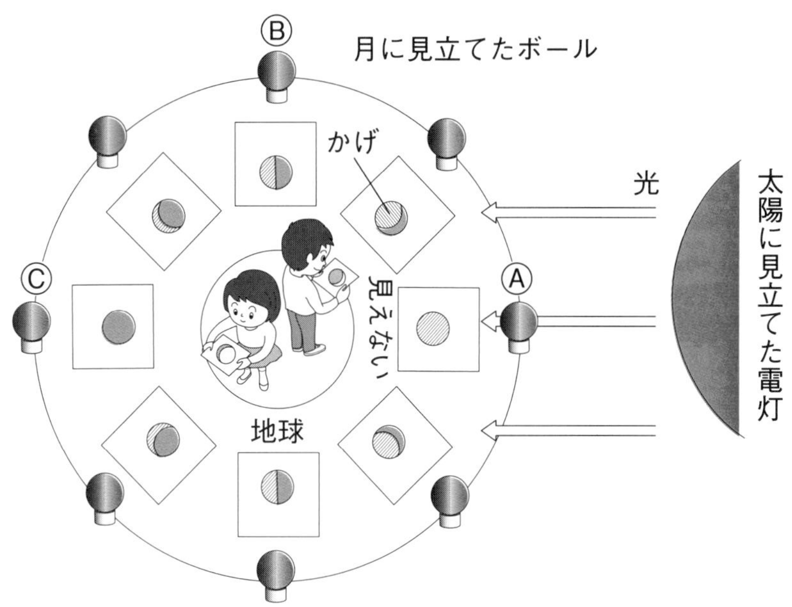

(1) 図のⒶ～Ⓒの位置にあるとき、地球から見ると月はどのような形に見えますか。㋐～㋒から選びましょう。

Ⓐ（　　　）
Ⓑ（　　　）
Ⓒ（　　　）

㋐
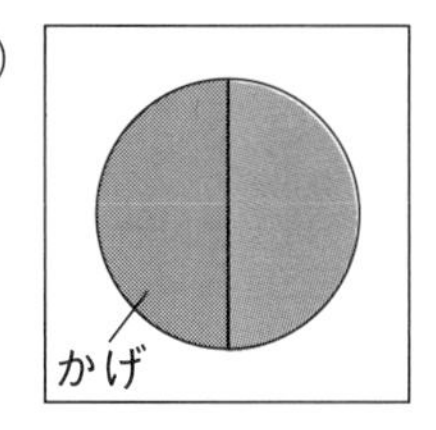

㋑
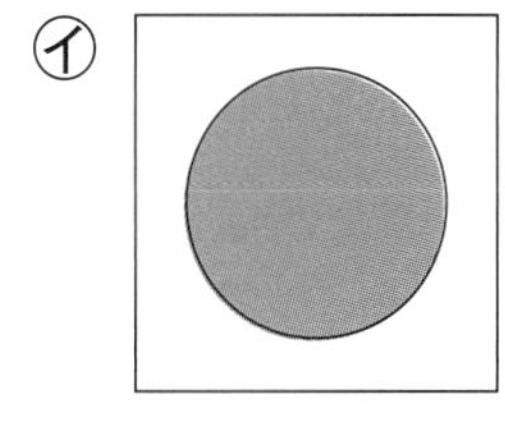

㋒
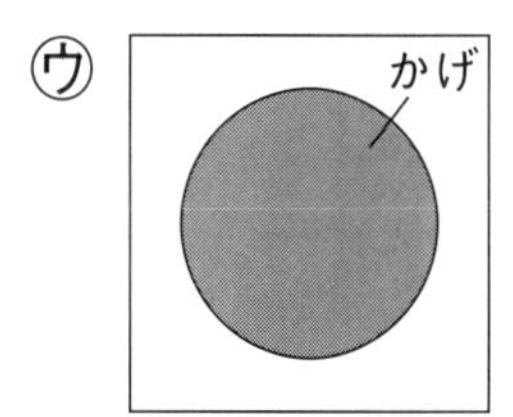

(2) 次の（　　）にあてはまる言葉を［　　］から選んでかきましょう。

Ⓐの位置に月があるとき、光があたっている部分は地球からは（①　　　　）。この月を（②　　　　）と呼びます。

Ⓒの位置に月があるとき、光があたっている部分は（③　　　　）が見えます。この月を（④　　　　）と呼びます。

新月	満月	見えません	全面

5 月の形の見え方 (2)

月　日

■1 図は、月が光っているようすを表しています。あとの問いに答えましょう。

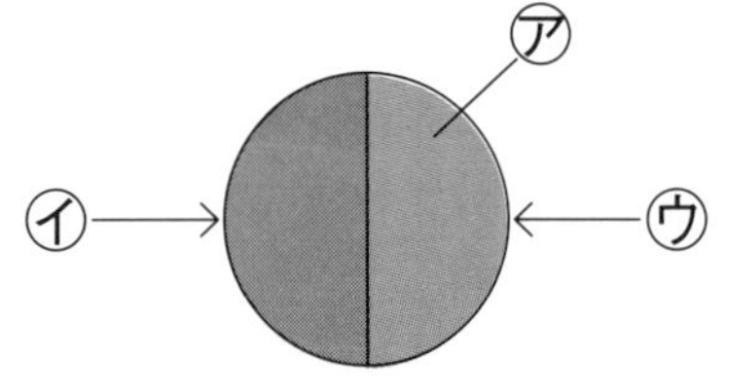

(1) 月のアの部分が光っています。
　太陽はイ、ウのどちら側にありますか。　(　　)

(2) アの部分を地球から見ると、どのように変化していきますか。次の①～③から選びましょう。　(　　)

① 変わらない。

② 毎日、少しずつ変化していく。

③ 一週間ごとに変化していく。

(3) アの部分が広がり満月になるには、何日ぐらいかかりますか。次の①～③から選びましょう。　(　　)

① 約1週間　② 約2週間　③ 約1か月

■2 図は、ボール、電灯、ビデオカメラを使って、月の見え方を調べたものです。ボール、電灯、ビデオカメラは、それぞれ何の代わりですか。次の[　]から選びましょう。

ボール (　　　)

電　灯 (　　　)

ビデオカメラ (　　　)

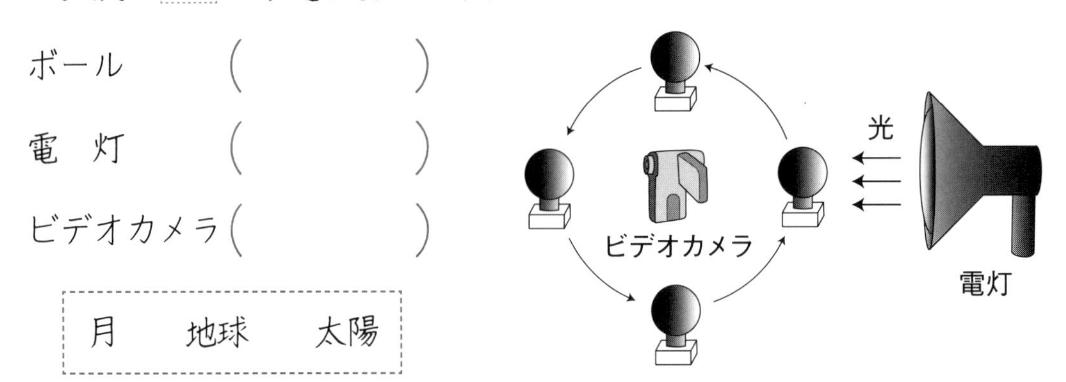

月　　地球　　太陽

おうちの方へ　月は地球の周りを回り、日光を受けて反射して見えます。そのため形が変わったように見えるのです。

3　図は、地球の周りを回る月の位置と、太陽の光の向きを表したものです。図の①〜④の位置に月があるとき、地球からどのように見えるか、㋐〜㋓から選びましょう。

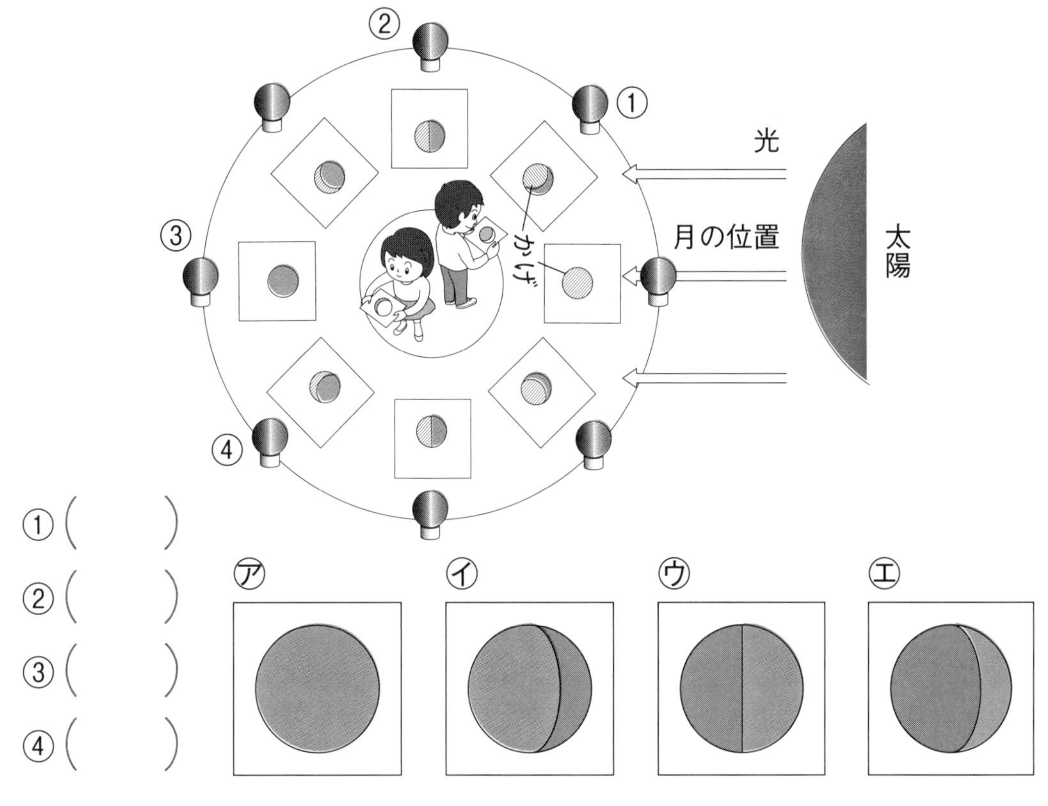

①（　　　）
②（　　　）
③（　　　）
④（　　　）

4　ある日、図の◌の位置に月が見えました。あとの問いに答えましょう。

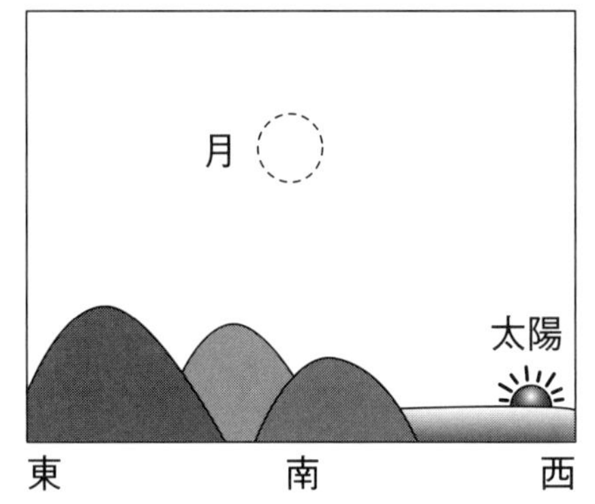

⑴　このときの月の形はどのように見えますか。月の形を言葉でかきましょう。

（　　　　　　　　）

⑵　日によって月の見える形が変わる理由として、正しいものに○をつけましょう。

①（　　　）月の形が変わるから。

②（　　　）日によって日光のあたっている部分が変わるから。

5 月と太陽 まとめ (1)

月　日

1 次の文は太陽と月について説明したものです。太陽についてのものには㊅、月についてのものには㊊、両方にあてはまるものには㊒とかきましょう。

① (　　) 表面に丸いくぼみがあります。

② (　　) 黒点と呼(よ)ばれる部分があります。

③ (　　) 自分で光りかがやいています。

④ (　　) 自分で光らず、光を反射してかがやいています。

⑤ (　　) 球形の天体です。

⑥ (　　) 地球より大きな天体です。

⑦ (　　) 日ごとに見え方が変わっていきます。

⑧ (　　) 地球では、東から西へ動いて見えます。

2 図は地球の周りを回る月の位置と、太陽の光の向きを表したものです。地球から(1)〜(3)のように見えるのは、月は図のどの位置にあるときですか。(　　)に記号で答えましょう。

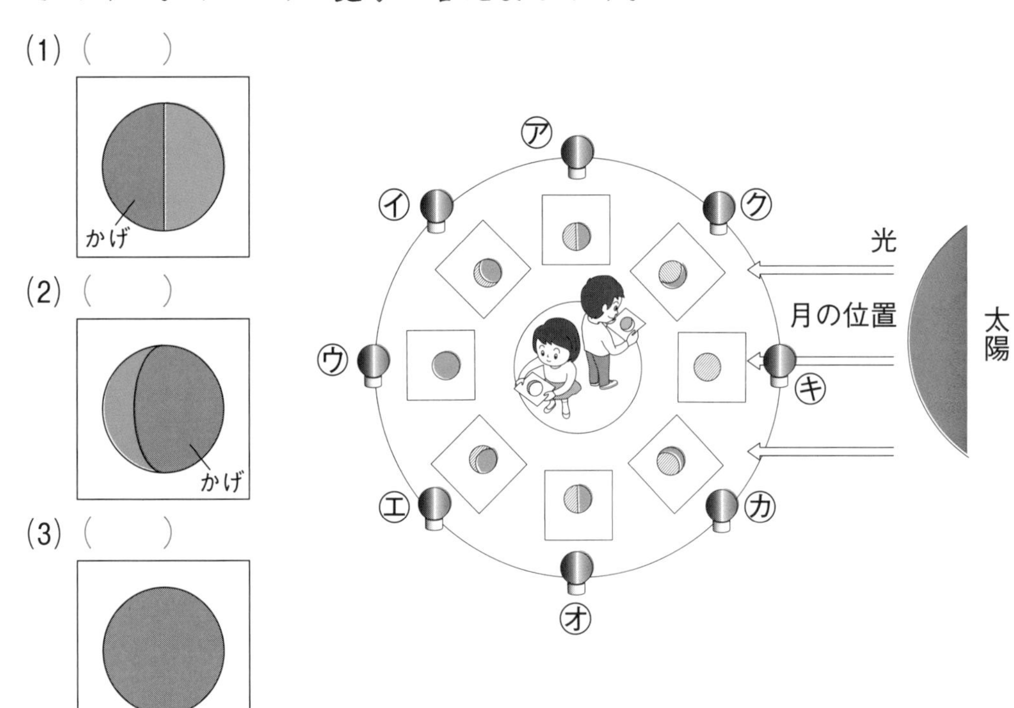

3 ある日、図の◌の位置に月が見えました。あとの問いに答えましょう。

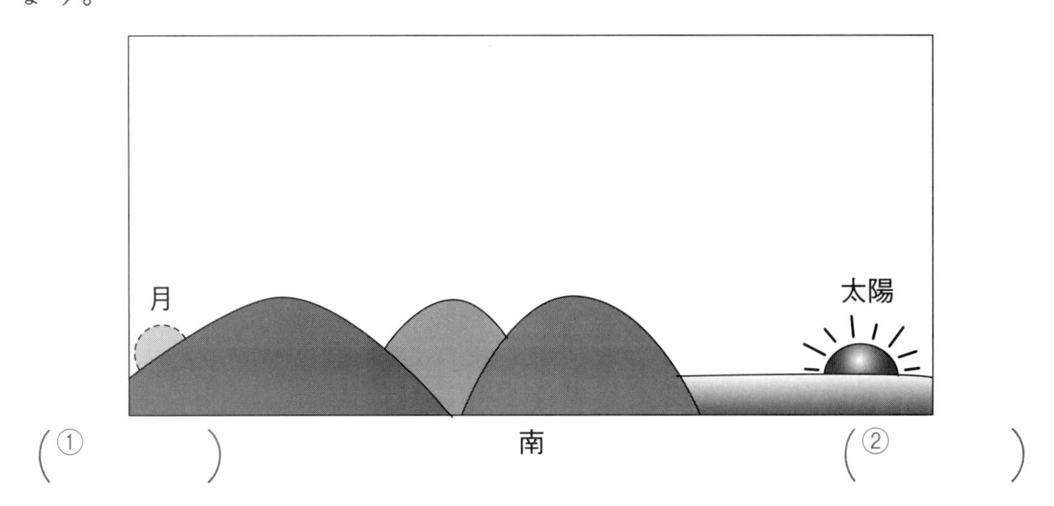

(1)　図の(　　　)にあてはまる方角をかきましょう。

(2)　このとき月の形はどれですか。㋐～㋒から選びましょう。
(　　　)

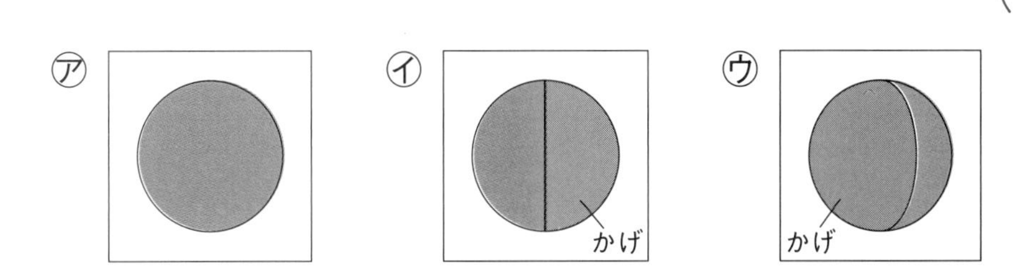

(3)　図のような位置に月と太陽が見えるのは、1日のうちでいつごろか。次の㋐～㋒から選びましょう。
(　　　)

㋐　朝　　　㋑　昼ごろ　　　㋒　夕方

(4)　このあと月はどのように動きますか。次の㋐～㋒から選びましょう。
(　　　)

㋐　月は南の空へのぼっていく。

㋑　月は西の空へしずんでいく。

㋒　月は東の空へしずんでいく。

5 月と太陽　まとめ (2)

月　日

1 次の文は、月と太陽と地球のことについてかいています。

月のことについてかいているものには㋐を、太陽のことについてかいているものには㋑を、地球のことについてかいているものには㋒をかきましょう。

① (　　) 太陽の周りを回っているわく星です。

② (　　) 日によって、見える形や位置が変わります。

③ (　　) 大きさは、地球のおよそ109倍もあります。

④ (　　) 大きさは、地球のおよそ$\frac{1}{4}$です。

⑤ (　　) 表面の温度は約6000℃もあり、強い光を出してかがやいています。

⑥ (　　) 表面には、クレーターと呼(よ)ばれる円形のくぼみがあります。

⑦ (　　) 表面には、黒点と呼ばれる周りより温度の低い部分があります。

⑧ (　　) 目で見るときには、必ずしゃ光板を使います。

⑨ (　　) 表面の明るい部分は約130℃にもなります。かげの部分はマイナス170℃にもなります。

⑩ (　　) 高温の気体でできた星です。

⑪ (　　) 空気と水、大地があり、生き物が暮(く)らしています。

⑫ (　　) 地球の周りを回っている衛星です。

⑬ (　　) この星は、自分で光を出すこう星です。

⑭ (　　) この星には、海があります。

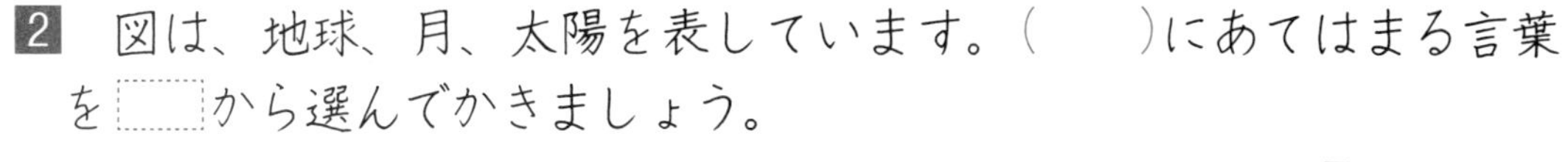

2 図は、地球、月、太陽を表しています。（　　）にあてはまる言葉を［　　］から選んでかきましょう。

(1) ㋐～㋒の名前をかきましょう。

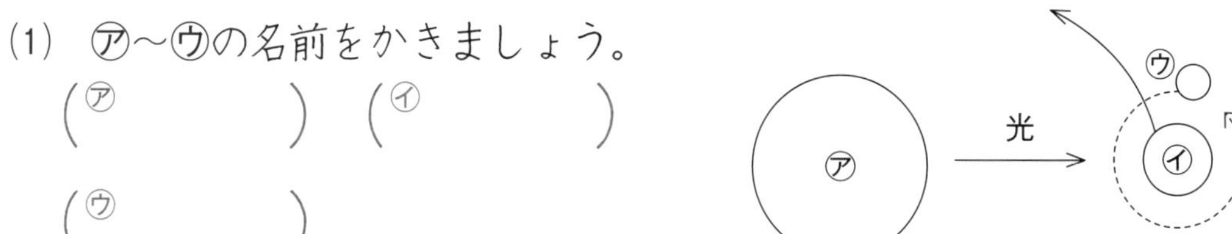

（㋐　　　　）（㋑　　　　）

（㋒　　　　）

(2) 月は（①　　　　）の周りを回っています。自ら光を出さず、（②　　　　）の光があたっている部分が明るく見えます。月のように、わく星の周りを回る星を（③　　　　）と呼(よ)びます。月と太陽の位置関係が変わることで、月の形が変わって見えます。新月から再び新月にもどるまでに約（④　　　　）かかります。

1か月　太陽　地球　衛星

(3) 太陽、月、地球の順に一直線上に並(なら)ぶと、（①　　　　）が起こり、太陽、地球、月の順に一直線上に並ぶと、（②　　　　）が起こります。

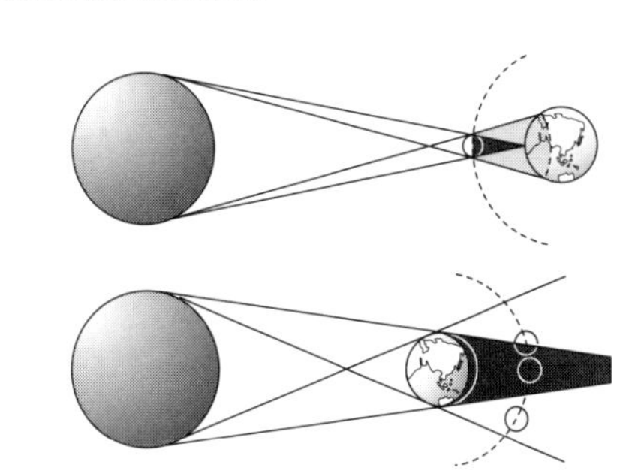

月食　日食

3 ある日の夕方ごろ、図の◌の位置に月が見えました。

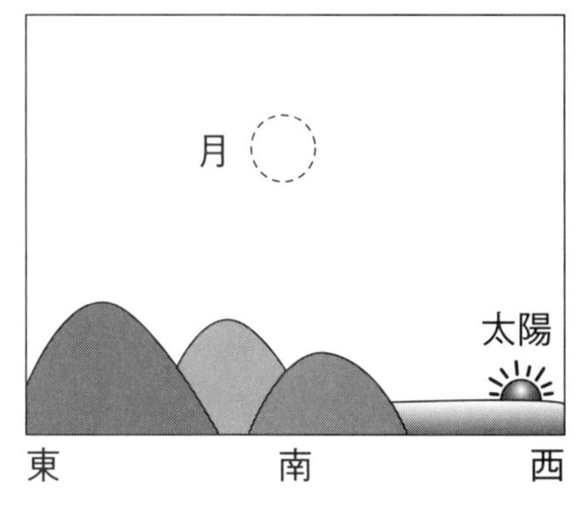

(1) この月の形は次のどれですか。（　　）に○をかきましょう。

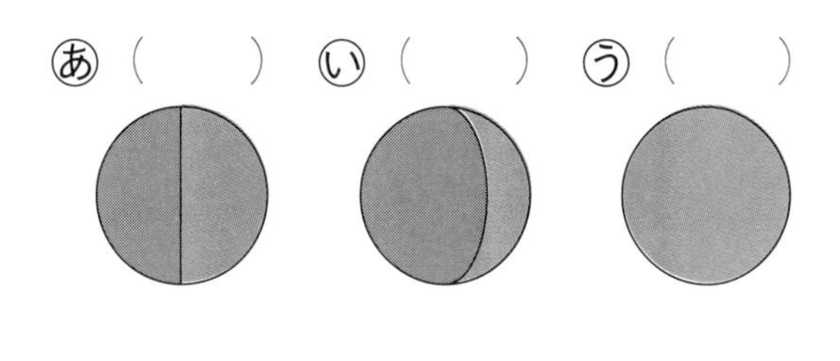

(2) この月は、やがて、東・西のどちらに動きますか。（　　）

6 大地のつくりと変化

月　日

ホップ

◆ なぞったり、色をぬったりしてイメージマップをつくりましょう

地層（ちそう）

小石・砂（すな）・ねん土などのしまもようの層

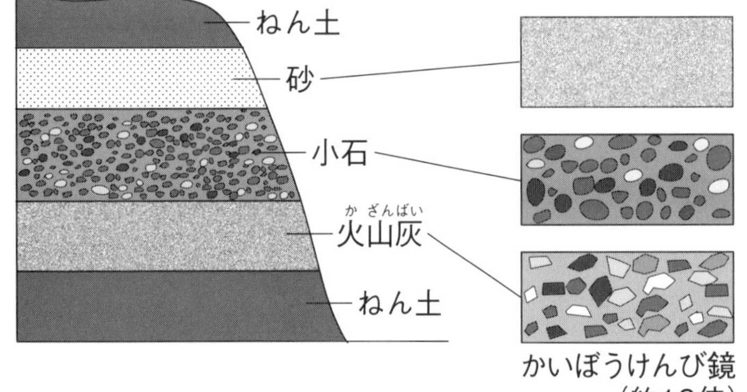

かいぼうけんび鏡
（約10倍）

小石は丸みがある

火山灰のつぶ
角ばっている
ガラスのつぶのようなもの

地層のでき方

重いもの	軽いもの
下	上
近く	遠く
速くしずむ	ゆっくりしずむ

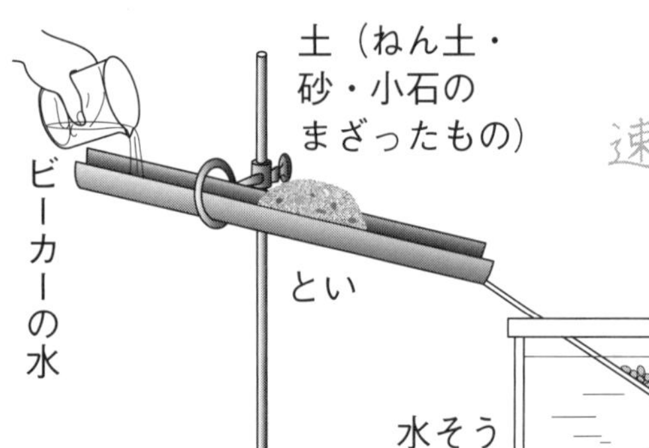

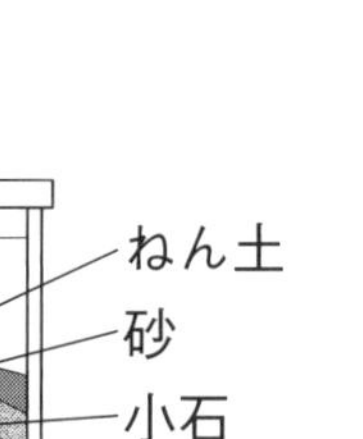

小石・砂・ねん土の積もり方

たい積岩

長い年月の間に地層が固まってできた岩石。

れき岩

小石が砂などといっしょに固まった岩石

砂岩

同じくらいの大きさの砂が固まった岩石

でい岩

ねん土などが固まった岩石

化石

地層ができるときに生き物などがうまってできたもの

アンモナイト

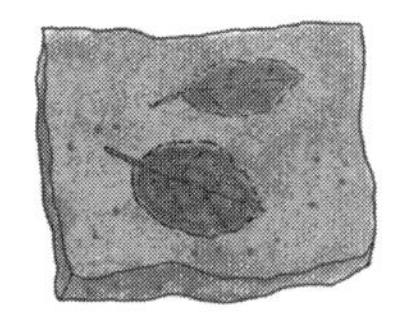

木の葉

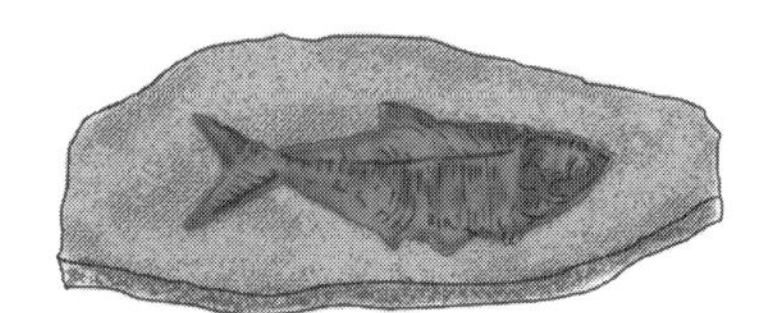

魚

火成岩

火山活動でできた岩石

よう岩（地表で固まった火成岩）

地表に積もってできるたい積岩

マグマ——地下で冷えて固まると花こう岩などの火成岩になる

大地の変化

火山活動と変化

火山活動で新しくできた山（北海道昭和新山）

よう岩で川がせき止められてできた湖（栃木県中禅寺湖）

海まで流れたよう岩で島が陸続きに（鹿児島県桜島）

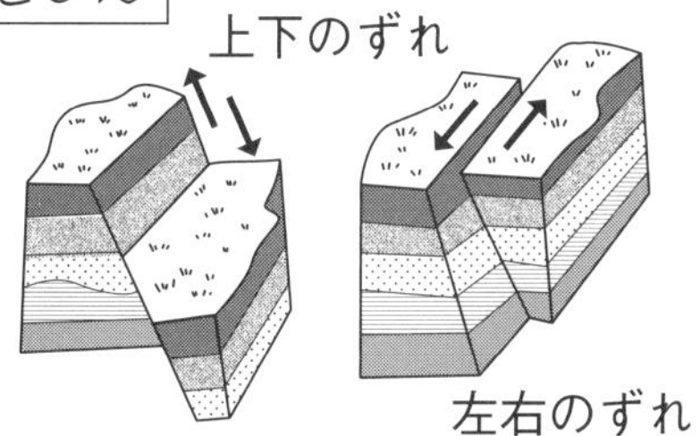

地しんによる断層（地層のずれ）

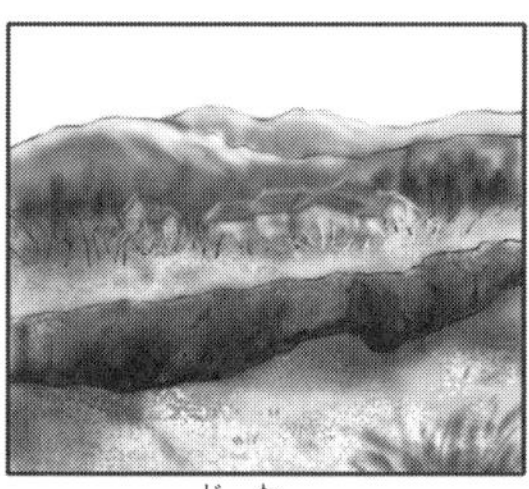

地割れ

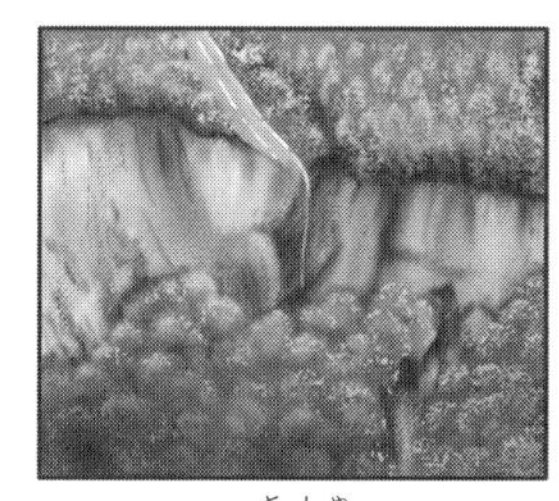

大きな土砂くずれ

6 地　層 (1)

月　日

ステップ

1 次の(　　)にあてはまる言葉を[　　]から選んでかきましょう。

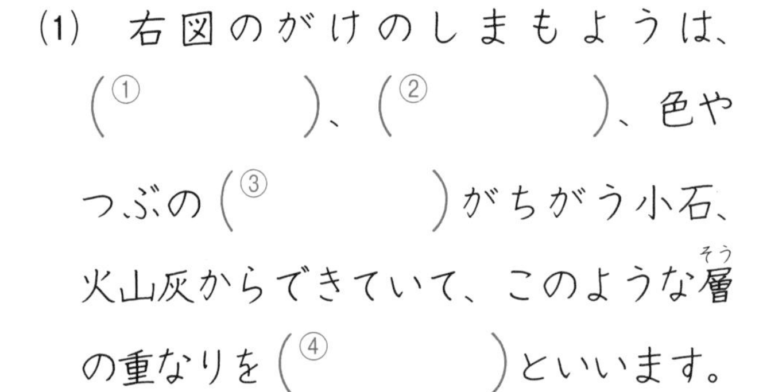

(1) 右図のがけのしまもようは、(①　　　　)、(②　　　　)、色やつぶの(③　　　　)がちがう小石、火山灰からできていて、このような層(そう)の重なりを(④　　　　)といいます。

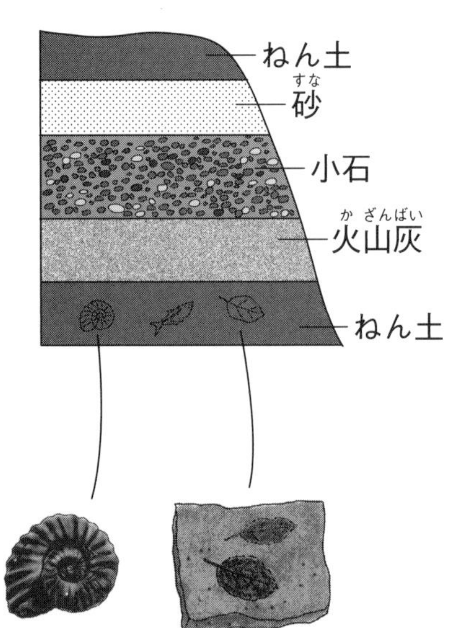

アンモナイト　木の葉の化石

地層(ちそう)　ねん土　砂　大きさ

(2) 地層の中からは大昔の植物や(①　　　　)の体や、動物などの(②　　　　)が残ったものが見つかることがあり、これらは(③　　　　)と呼(よ)ばれています。

化石　すんでいたあと　動物

(3) 小石の層は(①　　　　)のはたらきでできるので角がとれ、(②　　　　)形をしています。一方、火山灰の層は(③　　　　)のはたらきでできるので、つぶは(④　　　　)形をしています。

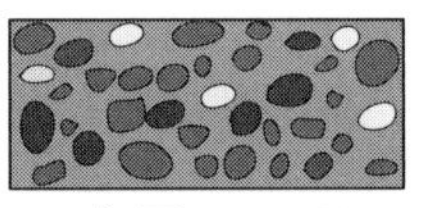

小石のつぶ

かいぼうけんび鏡
(約10倍)
火山灰のつぶ

流れる水　火山　丸みのある　角ばった

おうちの方へ　地層は、流れる水のはたらきによってつくられることが多いです。

2　次の（　）にあてはまる言葉を［　］から選んでかきましょう。

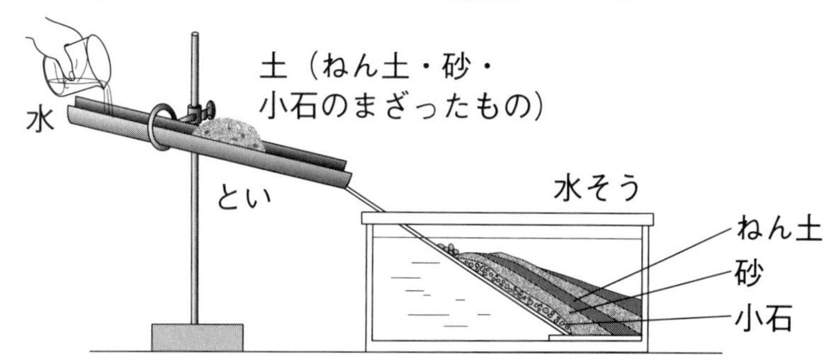

といに小石と、砂、ねん土がまじった土を置いて水を入れた水そうに流しこむと、土は下から（①　　　）、（②　　　）、（③　　　）に分かれて積もります。これはつぶの（④　　　）重いものが、速くしずむからです。

地層は（⑤　　　）のはたらきによって（⑥　　　）小石、砂、ねん土などが（⑦　　　）や湖の底に積もってできたことがわかります。

ねん土	砂	小石	大きい	海	流れる水	運ばれた

3　次の（　）にあてはまる言葉を［　］から選んでかきましょう。

れき岩

れき岩は、（①　　　）が砂などといっしょに固まった岩石。小石は（②　　　）があります。

砂岩（さがん）

砂岩は、同じくらいの大きさの（③　　　）が固まった岩石です。

でい岩

でい岩は、砂より細かいつぶの（④　　　）などが固まってできた岩石です。

ねん土	小石	砂	丸み

6 地　層 (2)

1 次の図は、がけに見られるしまもようを調べたものです。

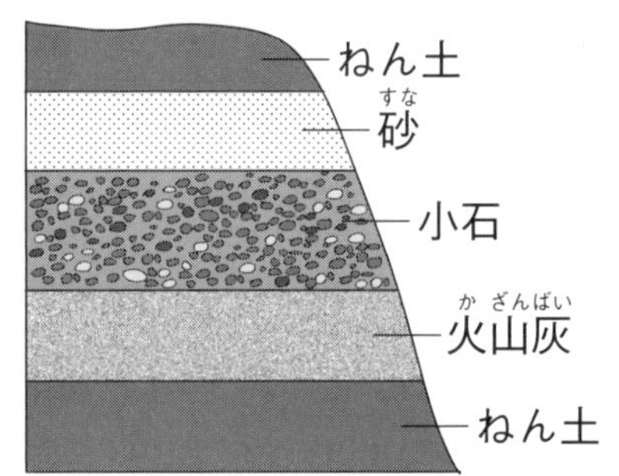

(1) しまもようにに見えるのは、なぜですか。次の㋐～㋒から選びましょう。 (　　)

㋐ 固さのちがう小石・砂・ねん土が順に重なっているから。
㋑ 色や大きさのちがう小石・砂・ねん土が層に分かれて重なっているから。
㋒ 中にふくまれている動物や植物の化石の色がちがうから。

(2) がけなどでしまもようになって見えるものを、何といいますか。 (　　　)

(3) 火山のふん火があったことは、どの層からわかりますか。 (　　　)

(4) 火山灰の層の土を水でよく洗(あら)い、かいぼうけんび鏡で観察しました。㋐と㋑どちらのように見えますか。 (　　)

㋐ 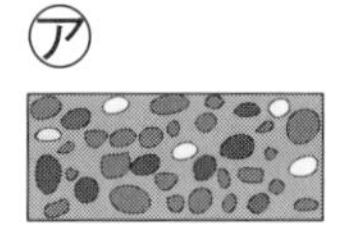
㋑ 

かいぼうけんび鏡(約10倍)

2 右図は大昔の動物や植物が石になったものを表しています。

アンモナイト

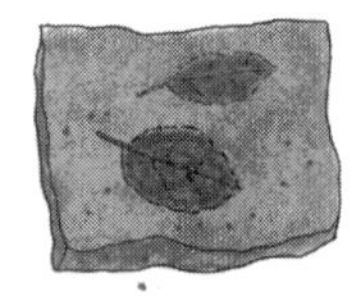
木の葉

(1) 地層の中から見つかる、右図のようなものを何といいますか。正しいものに○をつけましょう。 (化石・軽石)

(2) 海の生物だったアンモナイトが見つかったことから、大昔のどんなことがわかりますか。次の文の㋐～㋒から選びましょう。 (　　)

㋐ アンモナイトが見つかったところが大昔は海だったこと。
㋑ アンモナイトが見つかったところが大昔は陸だったこと。
㋒ アンモナイトが見つかったところが大昔は氷だったこと。

おうちの方へ　地層の中にある化石などによって昔、そこが海底だったりすることがわかります。

3　小石・砂・ねん土のまじった土を、水の入った水そうに流しこむと、右図のように積もりました。

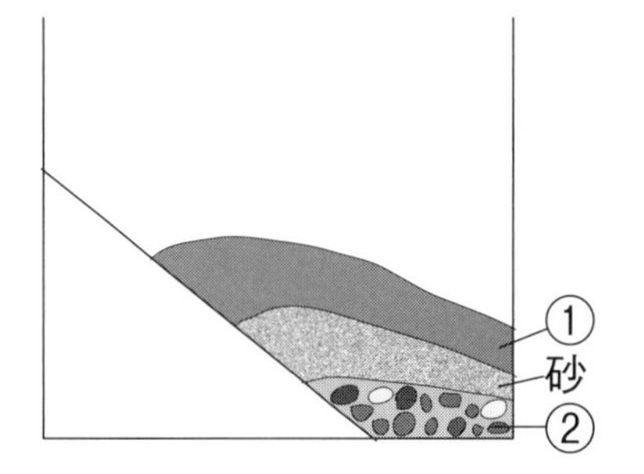

(1)　①、②には、何が積もりましたか。

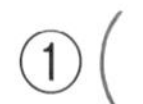

①(　　　　　)　②(　　　　　)

(2)　砂やねん土が分かれて積もるのは、どうしてですか。次の㋐～㋒から選びましょう。　(　　)

㋐　砂とねん土のつぶの色がちがうから。
㋑　砂とねん土のつぶの形がちがうから。
㋒　砂とねん土のつぶの大きさがちがうから。

(3)　１回流しこんだあと、もう一度、小石、砂とねん土のまじった土を流しこむと、どのように積もりますか。次の㋐～㋒から選びましょう。　(　　)

㋐
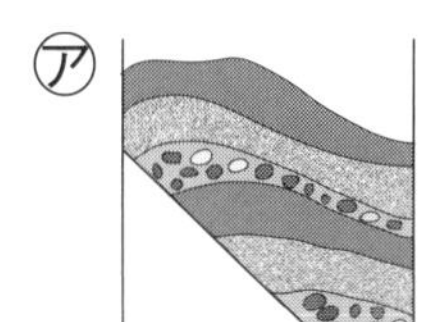
㋑
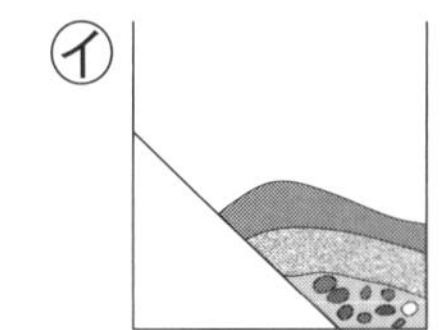
㋒
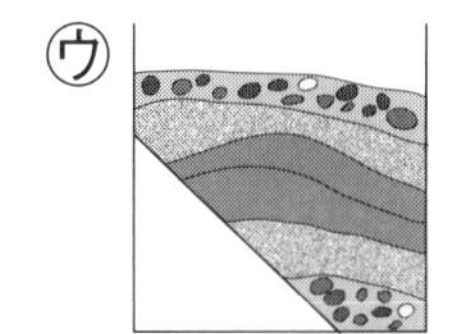

(4)　この実験から、地層は何のはたらきでできることがわかりますか。正しいものに○をつけましょう。　(流れる水・火山)

4　図は、地層で見られる岩石を表したものです。㋐、㋑、㋒の岩石は、れき岩、砂岩(さがん)、でい岩のどれですか。

㋐(　　　　　)　㋑(　　　　　)　㋒(　　　　　)

同じくらいの大きさの砂が固まった岩石

小石が砂などといっしょに固まった岩石

ねん土などが固まった岩石

⑥ 大地の変化 (1)

月　日

1 火山のふん火による土地の変化について、(　　)にあてはまる言葉を[　]から選んでかきましょう。

(1) 火山がふん火すると(①　　　)から(②　　　)が流れ出したり、(③　　　)がふき出して積もったりして、土地のようすが変わります。

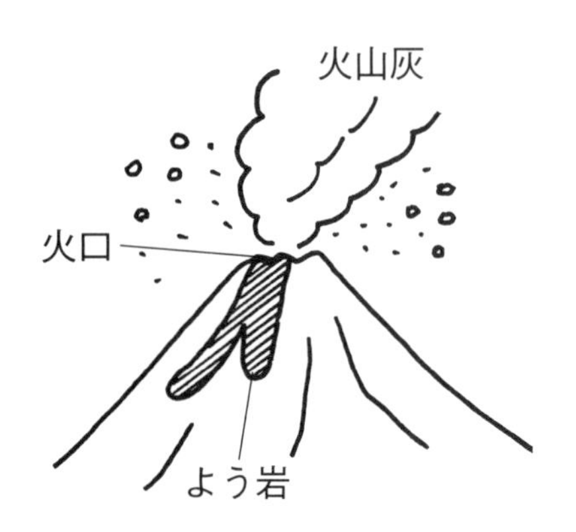

火口	火山灰(かざんばい)	よう岩

(2) 火山のふん火でまい上った(①　　　)や岩石によって家や(②　　　)がうまってしまうなどの(③　　　)が起こることがあります。

田畑	災害	火山灰

(3) 火山のふん火で流れ出た(①　　　)で川がせき止められ、(②　　　)やたきができることもあります。

また、よう岩がもり上がって、新しく(③　　　)ができることもあります。

山	湖	よう岩

おうちの方へ　地しんや火山活動によって、大地が変化します。また、海底で発生した地しんは、つ波による災害を引き起こすこともあります。

2 次の(　　)にあてはまる言葉を□から選んでかきましょう。

大きな地しんが起こると、Ⓐのように(①　　　　)が生じて(②　　　　)ができたり、Ⓑのように地面に(③　　　　)ができたりして、土地のようすが大きく変化します。

また地しんがあるとⒸのように山のがけで(④　　　　)が起き、道路がうまってしまうなどの(⑤　　　　)が起こることもあります。

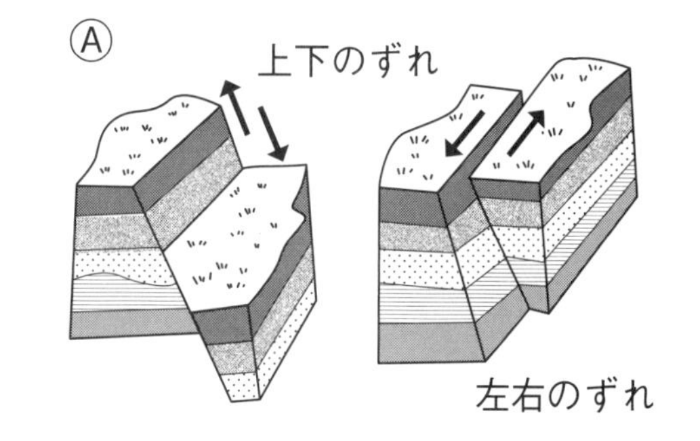

Ⓑ

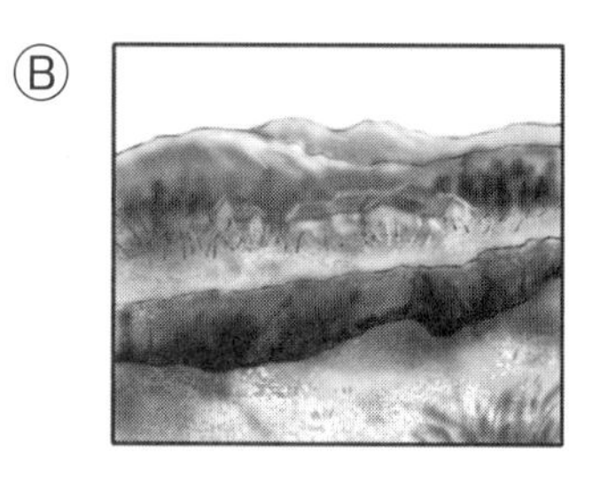

Ⓒ

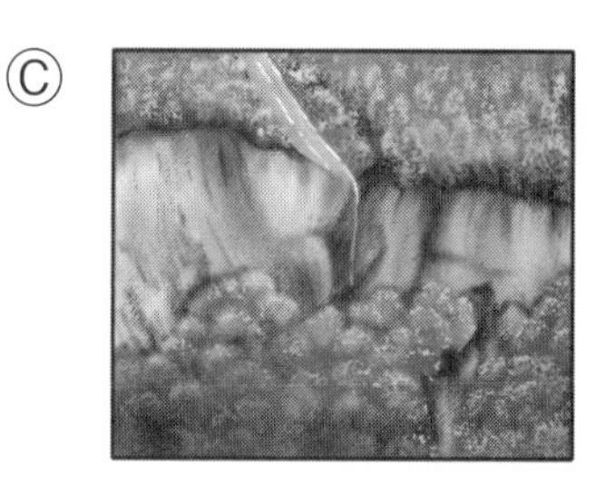

災害	土砂(どしゃ)くずれ	がけ
断層	地割(じわ)れ	

3 次の文は火山活動によって起こるものですか、地しんによって起こるものですか。それぞれ記号でかきましょう。

㋐ 海の水がつ波となっておしよせた。

㋑ 火山灰がけむりのようにふき出し、空高くまい上がった。

㋒ 流れ出したよう岩で新しい山や島ができた。

㋓ 地割れによって多くの道路が通れなくなった。

火山活動(　　　)、(　　　)　地しん(　　　)、(　　　)

6 大地の変化 (2)

月　日

ステップ

1 火山活動について、あとの問いに答えましょう。

(1) 次の(　　)にあてはまる言葉を[　　]から選んでかきましょう。

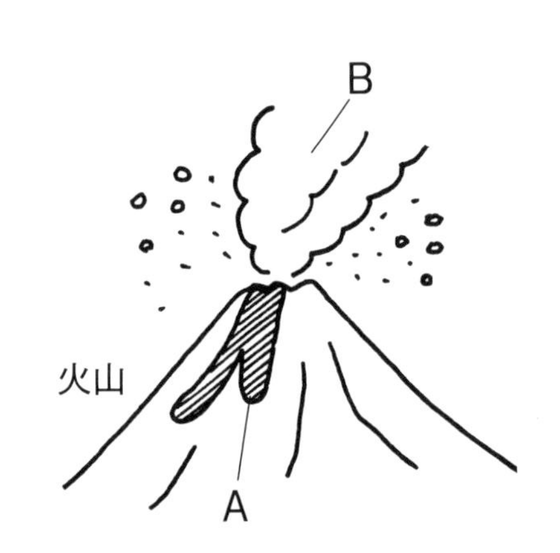

左図のように、火山がふん火したときに火口から流れ出るAは(①　　　　)と呼(よ)ばれ、温度が下がってくると固まり岩石となります。また、火口からけむりのようにふき出すBは(②　　　　)と呼ばれ、広い地域(ちいき)に降(ふ)り積もります。

よう岩　火山灰(かざんばい)

(2) 火山のふん火によって起こる土地の変化のようすで、正しいとはいえないのはどれですか。次の㋐～㋒から選びましょう。(　　)

㋐ 海底の火山がふん火して、新しい島ができることがあります。

㋑ こう水になって川岸がけずられます。

㋒ よう岩でおおわれたり、火山灰が降り積もって、土地のようすが変化します。

(3) 火山がふん火すると、それにともなってどのような災害が起こりますか。次の㋐～㋓から2つ選びましょう。(　　,　　)

㋐ 強い風でしゅうかく前のリンゴが落ちます。

㋑ 地割れや断層ができて、道路が通れなくなったりします。

㋒ よう岩で建物や田畑がおおわれます。

㋓ 火山灰が降り積もって、家や田畑がうまったりします。

おうちの方へ　長野県の大正池は、焼岳のふん火による泥流にによって川がせき止められてできました。

2 次の(　　)にあてはまる言葉を［　］から選んでかきましょう。

(1) 地しんは、(①　　　　)が動いたときに起こるゆれです。

地しんによって(①)は上下・左右にずれたりします。このずれのことを(②　　　　)といいます。兵庫県津名郡では、阪神淡路大地しんでできた(②)を今も見ることができます。

兵庫県　津名郡

長野県の木曽郡では、地しんによって、平らなところが、左右に大きく引きさかれた(③　　　　)が起きたり、山間部では、(④　　　　)が起きたりしました。

また、2011年3月に起きた東日本大しん災では、地しんによる(⑤　　　　)が大きなひ害をもたらしました。

大地　地割れ　断層　山くずれ　つ波

(2) 栃木県の(①　　　　)は、近くの男体山がふん火したとき、よう岩で川が(②　　　　)られてできた湖です。また、鹿児島県の(③　　　　)は、もとは鹿児島湾の中にある島でした。

大正時代のふん火によって(④　　　　)になりました。

栃木県　中禅寺湖

鹿児島県　桜島

陸続き　桜島　中禅寺湖　せき止め

6 大地のつくりと変化 まとめ (1)

月　日

1 図は、がけに見られるしまもようのようすを調べたものです。あとの問いに答えましょう。

(1) 次の(　　)にあてはまる言葉を[　　]から選んでかきましょう。

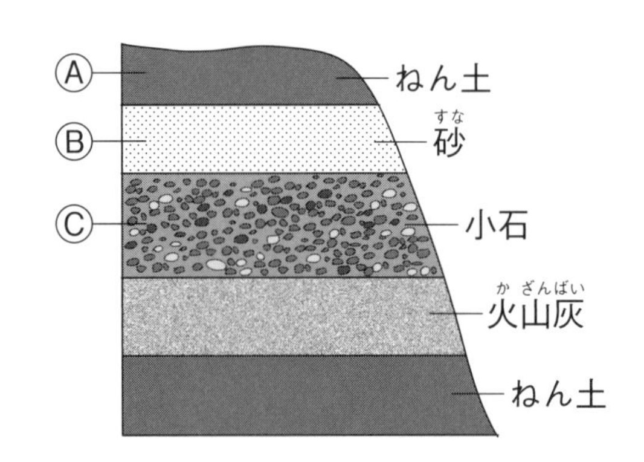

図のようなしまもようを

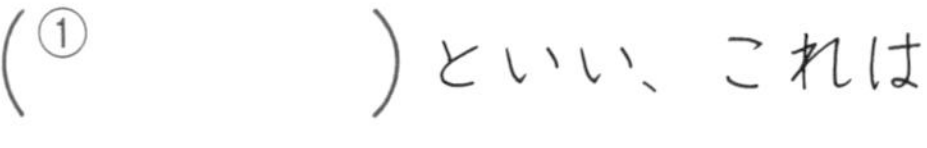

(① 　　　　)といい、これは

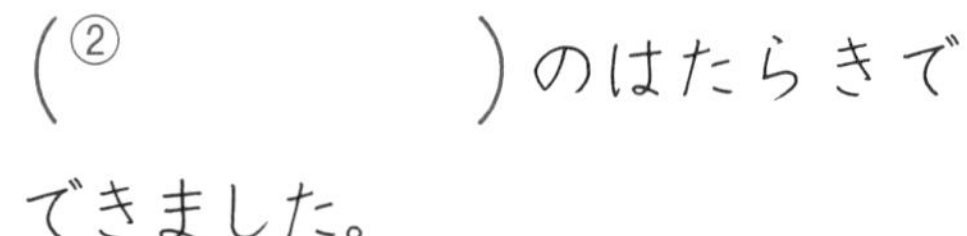

(② 　　　　)のはたらきでできました。

また、中にある火山灰の層(そう)は(③ 　　　　)のふん火のときにふき出して積もったものだと考えられます。この層の中のつぶは、他の層とちがって(④ 　　　　)をしています。

角ばった形　　流れる水　　地層　　火山

(2) ねん土の層からアサリの化石が見つかりました。この層はどんなところに積もってできたと考えられますか。次の㋐～㋒から選びましょう。　　(　　)

㋐ 山の上　　㋑ 浅い海底　　㋒ 川原

(3) 長い年月の間に、地層にふくまれるものが固まって岩石になるものがあります。Ⓐ～Ⓒの層が固まってできた岩石を、それぞれ何といいますか。

Ⓐ(　　　　)　Ⓑ(　　　　)　Ⓒ(　　　　)

2 ビンに水と小石・砂・ねん土をまぜたものを入れて、よくふったあと静かに置いておきました。

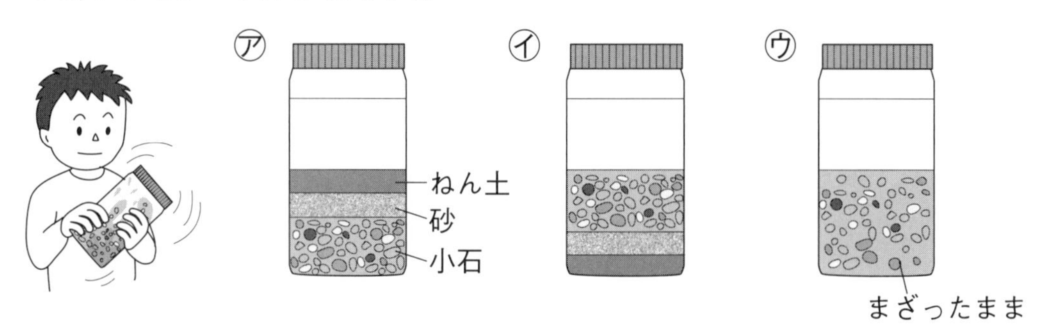

(1) 小石・砂・ねん土の積もり方は、どうなりますか。上の㋐～㋒から選びましょう。 (　　)

(2) 小石・砂・ねん土が水の底に積もっていくようすを、次の㋐～㋒から選びましょう。 (　　)

㋐ つぶの小さいものから順にしずむ。

㋑ つぶの大きいものと小さいものが混じりあってしずむ。

㋒ つぶの大きいものから順にしずむ。

3 次の文のうち、正しいものには○、まちがっているものには×をつけましょう。

① (　　) 地層には、火山灰でできたものもあります。

② (　　) 化石から、地層の古さや当時のようすを知ることができます。

③ (　　) 高さ8844mのエベレスト山から、アンモナイトの化石が見つかりました。もとは海底でできた地層です。

④ (　　) 地層は、いつも、水平になっています。

⑤ (　　) 火山灰のつぶは丸みがあるものが多いです。

⑥ (　　) 多くの地層は、流れる水のはたらきによってできます。

⑦ (　　) 地しんにより地割(じわ)れや断層ができることがあります。

⑧ (　　) 火山のふん火により、湖ができることもあります。

6 大地のつくりと変化 まとめ (2)

月　日

1 次の(　　)にあてはまる言葉を[　]から選んでかきましょう。

(1) 地層(ちそう)の中にある小石・砂(すな)・ねん土などが、長い年月をかけて積もります。積み重なったものの(①　　　　)などで、固められて岩石になることがあります。このようにしてできた岩石を(②　　　　　)といいます。

右の写真㋐の(③　　　　　)は、角のとれた(④　　　　)のある小石が集まってできていて、その間には砂やねん土がつまっています。

写真㋑の(⑤　　　　　)は同じ大きさの砂が集まってできています。

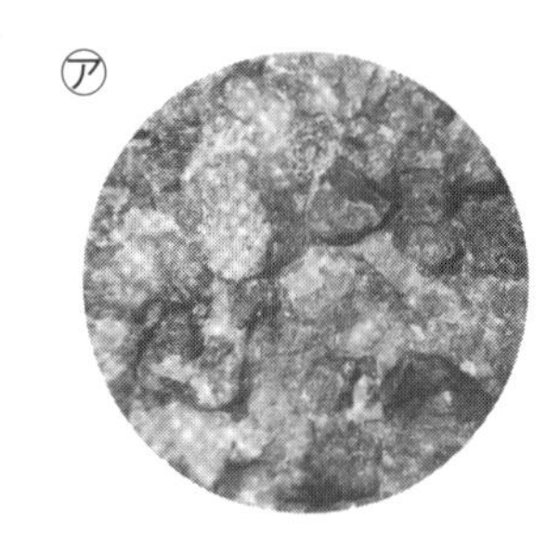

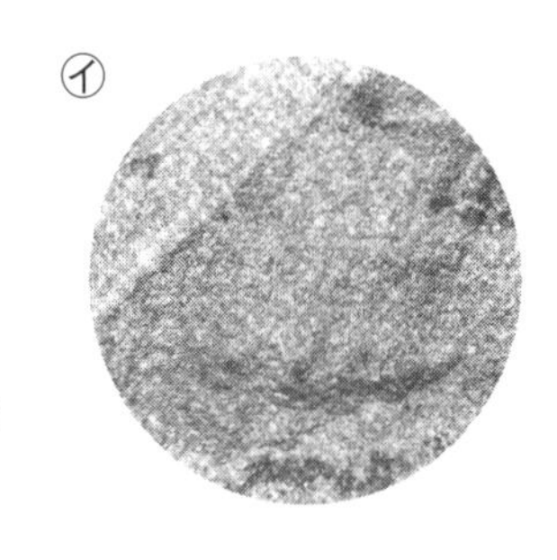

たい積岩　砂岩(さがん)　れき岩　重み　丸み

(2) 火山活動でできた岩石を(①　　　　　)といいます。その中には地下の深いところで、ゆっくり固まった写真㋒の(②　　　　　)、比かく的浅いところで、急に固まった写真㋓の(③　　　　　)と、マグマが地表に出て固まった(④　　　　　)などがあります。

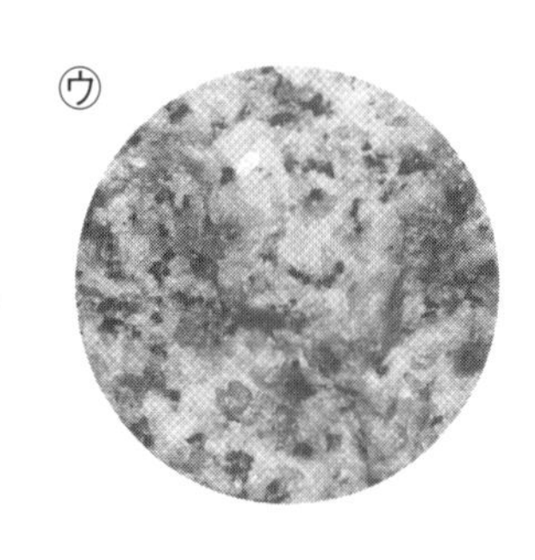

火成岩　安山岩　よう岩　かこう岩

2 次の文は、貝の化石ができて、それが陸上の地層で見つかるまでのことを説明しています。正しい順に並(なら)べましょう。

㋐ 周りから大きな力で地層がおし上げられ、地上に出た。

㋑ 1億年以上もの昔、貝の仲間がたくさん海の中にすんでいた。

㋒ 長い年月の間に、小石や砂が積み重なって地層ができ、貝の死がいが化石になった。

㋓ 貝の死がいの上に、水に流された砂やねん土が積もった。

㋔ 切り通しがつくられ、貝の化石が地層の中から見つかった。

3 次の文は、火山活動や地しんについてかかれたものです。正しいものには○、まちがっているものには×をつけましょう。

①（　　）北海道の昭和新山は、ふん火によって、とつぜん地面が盛(も)り上がってできた山です。

②（　　）鹿児島県の桜島は、もともと陸続きでしたが、ふん火と地しんによって、陸からはなれて島となりました。

③（　　）海底で起こった地しんのときは、つ波が発生することもあります。

④（　　）地しんは、なまずという魚が起こします。

⑤（　　）地しんによってできる大地のずれのことを断層といいます。

⑥（　　）火山のふん火で出す火山灰(かざんばい)が地層のほとんどをつくっています。

⑦（　　）中禅寺湖(ちゅうぜんじこ)は、よう岩で川がせき止められてできました。

⑧（　　）火山灰のつぶは角ばったものが多いです。

⑨（　　）火山灰が降(ふ)り積もり、家や田畑がうまったりします。

月　日　ホップ

7 生物とかん境

◆ なぞったり、色をぬったりしてイメージマップをつくりましょう

食物連さ　食べ物のつながり

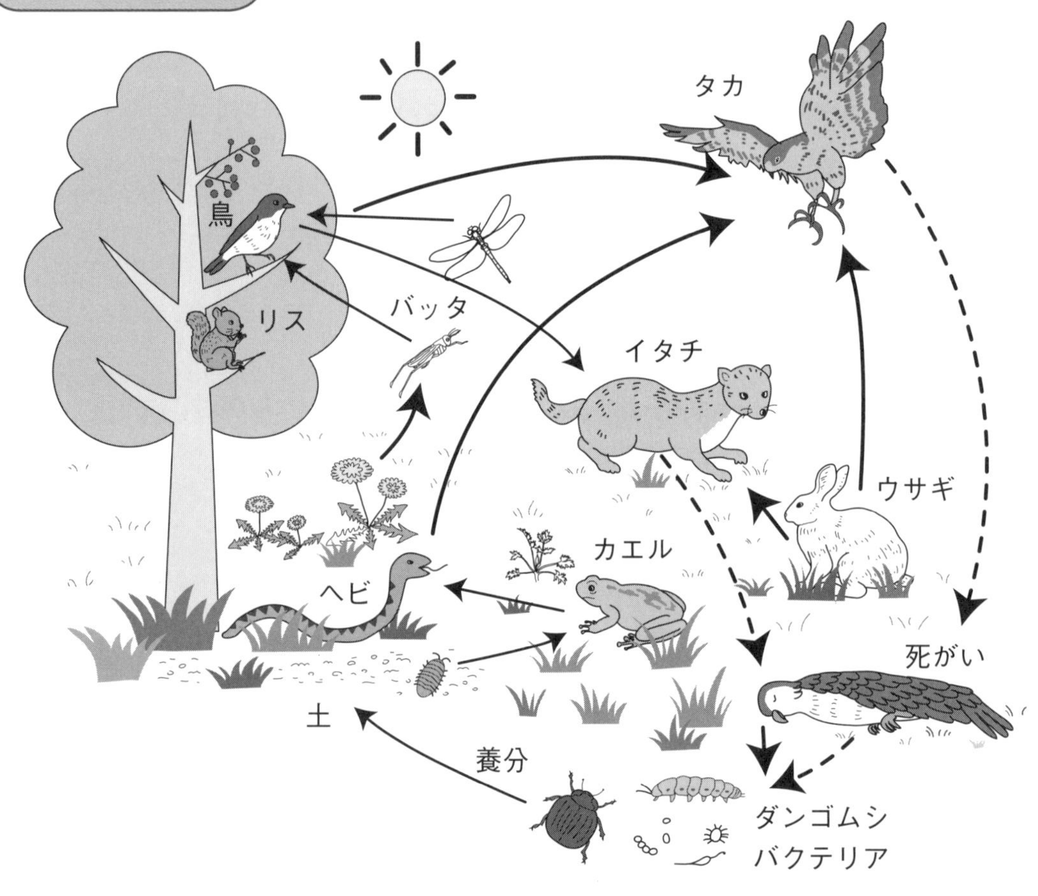

太陽　(草)→(バッタ)→(鳥)→(タカ)

土　(草)→(ウシ・ニワトリ)

水　(木の実)→(リス)→(ヘビ)→(イタチ)

米・ニンジン・タマネギ・ジャガイモ・肉（牛）

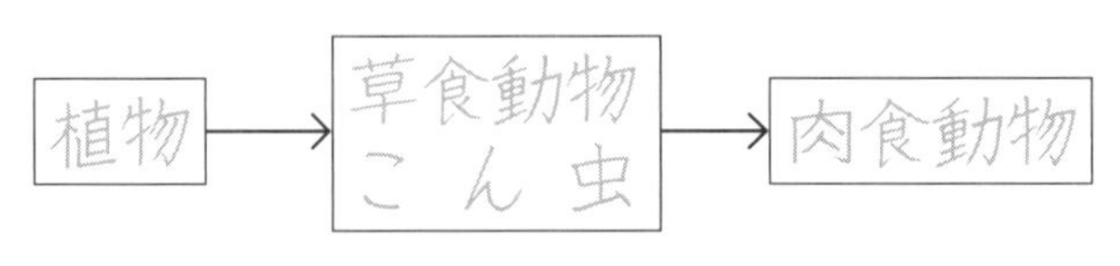

カレーライス
⇩
ヒト

多い ←—— 数量の関係 ——— 少ない

空気のつながり

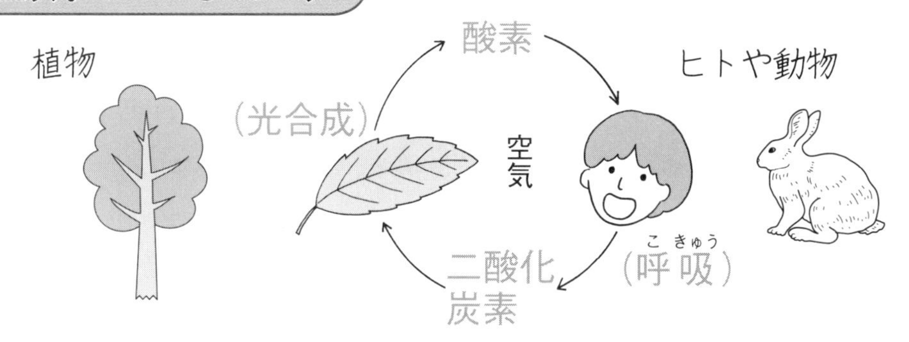

水のつながり

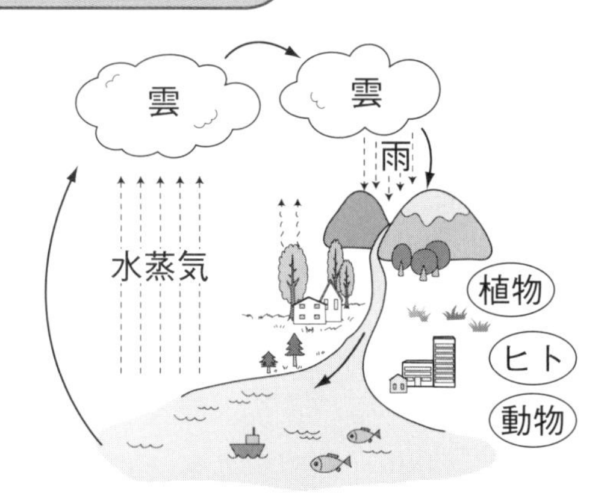

暮らしとかん境

森林の減少

住宅を建てたり、紙などに使うために、木を大量に切る。

水のよごれ

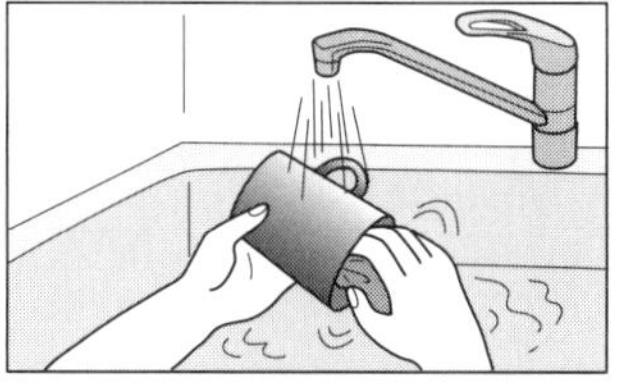

家庭や工場で使った水が川に流され、川や海の水がよごれる。

空気のよごれ

石油や石炭が燃料として燃やされると、空気中の二酸化炭素が増える。

植物を守る

山に木を植えて、森林を育てる。

再生紙を利用すると、森林を守ることになる。

水を守る

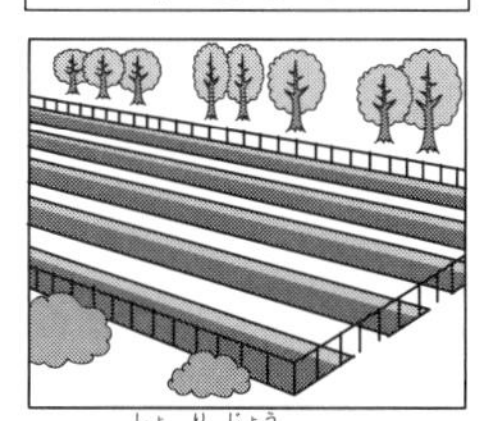

下水処理場で水をきれいにしてから、川に流す。

空気を守る

二酸化炭素を出さない燃料電池自動車が開発され、実用化が進められている。

7 食物連さ

月　日

1 図は、給食ででたカレーライスの材料を示したものです。次の（　　）にあてはまる言葉を［　］から選んでかきましょう。

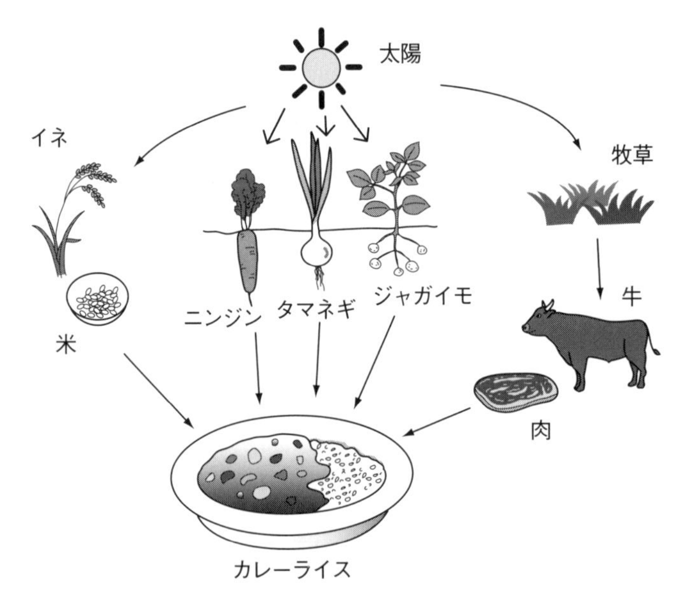

(1) 私(わたし)たちは、肉や野菜など（①　　　　）をとらないと生きていくことができません。

ウシは（②　　　　）ですが、ウシは（③　　　　）など植物を食べています。

ヒトや動物の食べているものをたどると、（④　　　　）にいきつきます。

動物	植物	食べ物	牧草

(2) 植物は（①　　　　）を受けて（②　　　　）をつくり出しているので、植物だけでなく、ヒトや動物の生命は（③　　　　）に支えられていることになります。

太陽	日光	養分

おうちの方へ　食べ物のつながりのことを食物連さといいます。どこかの生物が絶めつなどすると、他の生物にもえいきょうがあります。

2 図は、食べ物による生物のつながりを表したものです。次の（　　）にあてはまる言葉を［　　］から選んでかきましょう。

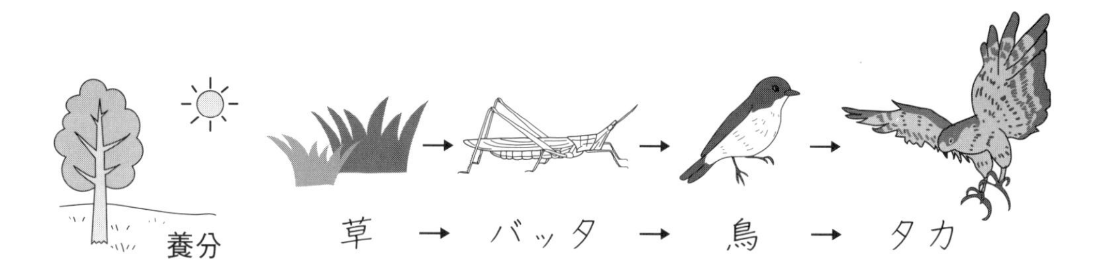

(1) 植物の葉に日光があたると（①　　　）ができます。草食動物は（②　　　）を食べて養分を得ています。そして（③　　　　）は他の動物を食べて養分を得ています。

［ 養分　肉食動物　植物 ］

(2) バッタは（①　　　）を食べ、（②　　　）はバッタなどを食べて生きています。このような（③　　　　　　）の関係を（④　　　　）といいます。

［ 鳥　草　食べる・食べられる　食物連さ ］

(3) いろいろな生物の数量を調べると、（①　　　　）から肉食動物へとたどるにつれて、その数量は（②　　　）なるのがふつうです。図に表すと右のように（③　　　　）の形になります。

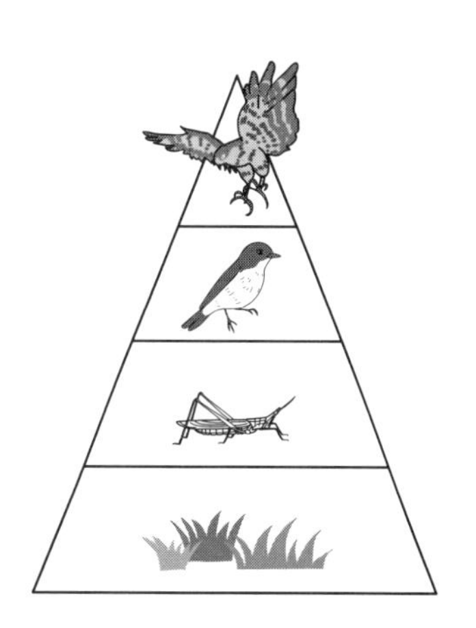

［ 少なく　ピラミッド　植物 ］

7 生物と空気や水 (1)

月　日

1 図は、生物と空気のつながりを表したものです。次の(　　)にあてはまる言葉を[　　]から選んでかきましょう。

(1) ヒトや動物は、空気中の(①　　　　)を取り入れ、(②　　　　)を出しています。このことを(③　　　　)といいます。

酸素　　二酸化炭素　　呼吸（こきゅう）

(2) 植物の葉に(①　　　　)があたると、空気中の(②　　　　)と植物の中の水を利用して、養分と(③　　　　)をつくります。このことを(④　　　　)と呼（よ）びます。

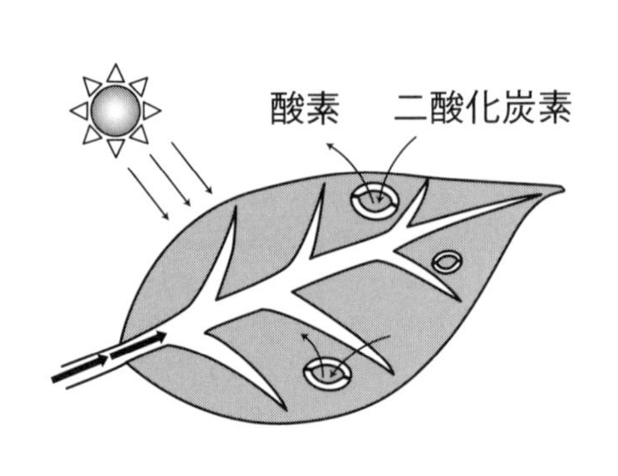

酸素　　二酸化炭素　　日光　　光合成

(3) ヒトや動物は(①　　　　)を取り入れ、(②　　　　)を出します。植物は逆に(③　　　　)をつくります。(④　　　　)がなければ、ヒトや動物は生き続けられません。

二酸化炭素　　酸素　　酸素　　植物

おうちの方へ　植物は、光合成によって酸素と養分をつくります。動物は空気中の酸素を取り入れて二酸化炭素を出します。

2 次の(　　)にあてはまる言葉を[　　]から選んでかきましょう。

(1) 住宅(じゅうたく)を建てるためや(①　　　)をつくるために(②　　　)が大量に切られたりして、森林が(③　　　)しています。

再生紙を使うことは(④　　　)を守ることにもつながります。

木	紙	減少	森林

(2) (①　　　)や工場で使った水が川に流され、川や(②　　　)の水がよごれると(③　　　)が生きていけなくなります。

だから、家庭や(④　　　)で使われた水を下水処理場(げすいしょりじょう)で、きれいな水にしてから川に流します。

海	家庭	工場	生物

(3) (①　　　)や石炭が燃料として燃やされ、空気中の(②　　　　　)が増えると、地球の(③　　　　)の原因にもなります。

二酸化炭素	石油	温暖化(おんだんか)

7 生物と空気や水 (2)

月　日

1 次の(　　)にあてはまる言葉を[　　]から選んでかきましょう。

地球は(①　　　)と呼(よ)ばれる空気の層(そう)でおおわれています。この(①)は、宇宙(うちゅう)からくる有害な光線をさまたげたり、太陽光のあたる高温のところと、あたらない低温のところの温度差を(②　　　)のように包みやわらげています。

青く美しい地球には、(③　　　)がたくさんあります。(④　　　)や(⑤　　　)が(③)を体に取り入れて生きています。これら生物が生きていけるのも水や大気があるからなのです。

地上約(⑥　　　)の大気の層の中では、陸上の水や海の水が蒸発(じょうはつ)して(⑦　　　)となります。(⑦)は上空にのぼります。そこで、冷やされて(⑧　　　)となり、雨や雪となって地上に降(ふ)ります。

この大気の層の中に、天候があるのです。

このように大気は、生物が生きていくうえで、なくてはならないものなのです。この大気がある地球だから(⑨　　　)が誕生(たんじょう)したといえるのです。

毛布	大気	植物	動物	水
10km	雲	生命	水蒸気	

おうちの方へ 海水は蒸発して水蒸気になります。上空で冷やされ雲になり、雨として地上に降ります。川を通り海に注ぎます。

2 次の（　　）にあてはまる言葉を［　　］から選んでかきましょう。

(1) 工業の発展（はってん）にともなって、工場や火力発電所・自動車などから出される（①　　　　　）を多くふくむガスが増えています。

　このガスが大気中に増えると、地表全体の（②　　　　）が上がり、（③　　　　　）が起こります。これが進むと、「高山の氷がとけて（④　　　　）が上がる」「異常（いじょう）気象」など、生物に大きなえいきょうをあたえます。

温度　　海水面　　温暖化（おんだんか）現象　　二酸化炭素

(2) 私（わたし）たちの生活に欠かせない電気は、主に（①　　　　）や石炭、天然ガスなどの（②　　　　　）を燃やしてつくられています。（②）を燃やすと、（③　　　　）が使われて（④　　　　　）が出てきます。空気中の（④）の量が（⑤　　　　）続け、その割合（わりあい）の増加が（⑥　　　　　）の原因の１つになっているのではないかと考えられています。

　二酸化炭素を出さないものとして（⑦　　　　）発電や（⑧　　　　）発電などのクリーンエネルギーの利用や、（⑨　　　　　）自動車の開発や実用化が進められています。

燃料電池　　風力　　二酸化炭素　　酸素　　増え
地球温暖化　　化石燃料　　地熱　　石油

7 暮らしとかん境 (1)

月　日

1 次の(　　)にあてはまる言葉を[　　]から選んでかきましょう。

(1) 海や湖などの水は、(①　　　)であたためられ、(②　　　)して水蒸気(すいじょうき)になります。水蒸気は上空で冷やされて(③　　　)になり、地上に(④　　　)や雪となって降(ふ)ります。地上に降った雨や雪は、地面にしみこみ(⑤　　　)や地下水となって、海や湖などに流れます。このように私(わたし)たちが使っている水は(⑥　　　　　)しています。

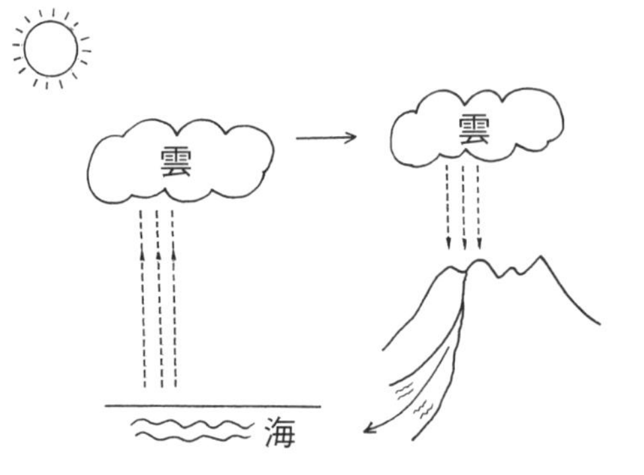

日光	雲	雨	川	じゅんかん	蒸発

(2) 植物は、水を(①　　　)から吸(す)い上げ、葉に運び、(②　　　)をつくります。不要になった水は、(③　　　)として体の外に出ていきます。動物は、(④　　　)や食べ物から、体の中に水を取りこみます。水は体の中で、さまざまな役割(やくわり)を果たし、(⑤　　　)やあせとして体の外に出ていきます。また、(⑥　　　)でも水は水蒸気として、体の外に出ていきます。

このように、水は生物が生きていく上で欠かせないものです。

飲み物	水蒸気	養分	根	にょう	呼吸(こきゅう)

おうちの方へ　近年は、プラスチックごみが海に流れこみ、海の生物がそれを食べて死んでしまうことなど問題になっています。

2 次の（　　）にあてはまる言葉を［　］から選んでかきましょう。

(1) じょう水場は、（①　　　）や湖から取り入れた水を（②　　　）し、基準にあう（③　　　　　）にして、家庭や工場に送っています。下水処理場（げすいしょりじょう）は、家庭や工場で使われたよごれた水を小さな生物のはたらきできれいにしたり、消毒したり、（④　　　）して、きれいな水に変えて川や湖、（⑤　　　）などに流しています。

検査　　きれいな水　　川　　ろ過　　海

(2) 1960年代から70年代にかけて、（①　　　）が社会問題になりました。（②　　　　）は、工場から海に流された水にふくまれた水銀を食べた海の小さな生物が（③　　　　　）によってさらに大きな生物に食べられ、それがヒトの体に入って病気を引き起こしました。

（④　　　　　　）は、工場から川に流された水にふくまれたカドミウムが生活用水や（⑤　　　　）に入りこみ、それがヒトの体に入って病気を引き起こしました。

近年、（⑥　　　　　　）と呼（よ）ばれる小さなプラスチックのゴミが、問題になっています。海の生物がエサとまちがえて食べて、消化できずに体内に残り、死んでしまうこともあります。

食物連さ　　イタイイタイ病　　公害　　水また病
農業用水　　マイクロプラスチック

7 暮らしとかん境 (2)

月　日

1 次の(　　)にあてはまる言葉を[　]から選んでかきましょう。

(1) ある地域(ちいき)にそれまでいなかった生物が、人間によって持ちこまれ、増えて野生化した生物を(①　　　　)といいます。(①)によっては、日本に元もといた(②　　　　)を食べたり、その(③　　　　)をうばったりします。これまで保たれてきた(④　　　　)の関係がくずれ、(②)が(⑤　　　　)に追いこまれることもあります。

(⑥　　　　　　　)や(⑦　　　　　　)も外来種の１つです。飼っていた動物がにげたり、人間によって放されたりすることで(⑧　　　　)がくずれることもあります。

在来種(ざいらいしゅ)	外来種(がいらいしゅ)	食物連さ	すみか	生態系(せいたいけい)
アメリカザリガニ	ミドリガメ	絶めつ		

(2) 将来(しょうらい)生まれてくる人びとが暮(く)らしやすいかん境を残しながら、未来にひきついでいける社会のことを(①　　　　　　　)といいます。

住宅(じゅうたく)を建てるためや(②　　　　)をつくるために(③　　　　)が大量に切られ、森林が減少しています。再生紙を使うことは(④　　　　)を守ることにつながります。私たち一人ひとりが生物どうしのつながりを守り、多様な生物が暮らす(⑤　　　　)を守ります。

かん境	紙	木	森林	持続可能な社会

持続可能な社会をつくり上げるための目標が2015年、国際連合によってかかげられました。

2 次の(　　)にあてはまる言葉を[　　]から選んでかきましょう。

持続可能な開発目標（SDGs）

1. 貧困をなくそう	2. 飢餓をゼロに	3. すべての人に健康と福祉を
4. 質の高い教育をみんなに	5. ジェンダー平等をみんなに	6. 安全な水とトイレを世界中に
7. エネルギーをみんなにそしてクリーンに	8. 働きがいも経済成長も	9. 産業と技術革新の基礎をつくろう
10. 人や国の不平等をなくそう	11. 住み続けられるまちづくりを	12. つくる責任つかう責任
13. 気候変動に具体的な対策を	14. 海の豊かさを守ろう	15. 陸の豊かさも守ろう
16. 平和と公正をすべての人に	17. パートナーシップで目標を達成しよう	

2015年に国連で(①　　　　　　　　)が開かれました。そこで、2030年までの行動計画が立てられ、(②　　　　　)(持続可能な開発目標)という17の目標がかかげられました。目標の中には(③　　　)と関係の深いものや、小学校で学んだことを活かすことができるものもあります。将来にわたって、より多くの人が豊かな暮らしを送るために(④　　　　　　　)を目指す必要があります。

持続可能な開発サミット　　持続可能な社会　　SDGs　　理科

7 生物とかん境 まとめ(1)

月　日

1 食べ物による生物のつながりを表しています。あとの問いに答えましょう。

アオミドロ → ミジンコ →（①　　　　）→（②　　　　）

(1) ①、②にあてはまるものを［　］から選んでかきましょう。

ザリガニ　　メダカ

(2) このような「食べる・食べられる」の関係を何といいますか。

（　　　　　）

(3) ある池のザリガニとミジンコの数量的な関係を調べると、多くいるのはどちらですか。

（　　　　　）

2 次の動物を、草食の動物と、肉食の動物に分けましょう。

㋐ ライオン　㋑ ウサギ　㋒ ウシ
㋓ カマキリ　㋔ ヘビ　㋕ フクロウ

草食の動物（　　　　　　）
肉食の動物（　　　　　　）

3 図は、生物と空気のつながりを表したものです。あとの問いに答えましょう。

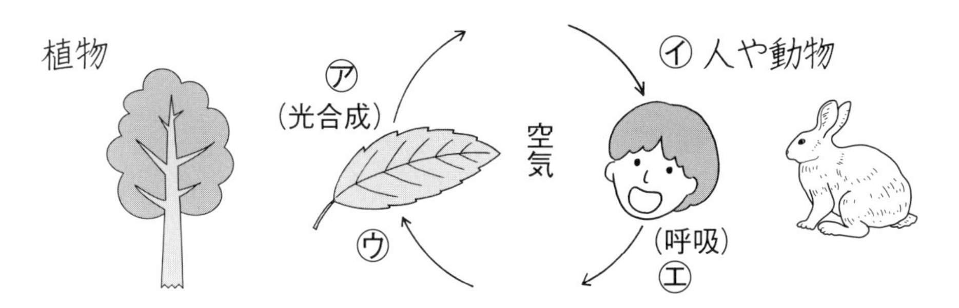

(1) 図の中にある矢印についている記号㋐～㋓は、酸素と二酸化炭素の出入りです。酸素、二酸化炭素を表しているものを、それぞれ記号でかきましょう。

① 酸素　(　　　　　)

② 二酸化炭素　(　　　　　)

(2) 植物が日光にあたってでんぷんをつくるとき、空気中から取り入れている気体は酸素、二酸化炭素のどちらですか。

(　　　　　)

(3) 植物が日光にあたってでんぷんをつくるとき、空気中に出す気体は酸素、二酸化炭素のどちらですか。　(　　　　　)

4 次の文について、かん境を守るためにしていることには○、そうでないものには×をつけましょう。

① (　　) 紙の原料は、海外から輸入した木材が多いので、紙をむだに使っても、かん境にえいきょうありません。

② (　　) 食器をきれいにしたいので、洗ざいは多く使った方がよいです。

③ (　　) 工場で使われた水は、下水処理(げすいしょり)をして川に流しています。

④ (　　) 電気はクリーンエネルギーなので、たくさん使っても問題ありません。

⑤ (　　) できるだけ、ガソリンを使わない自動車が開発されています。

7 生物とかん境 まとめ(2)

月　日

1 次の(　　)にあてはまる言葉を[　　]から選んでかきましょう。

私(わたし)たちが住んでいる地球は(①　　　　)の光を浴び、(②　　　　)の層(そう)で包まれ、豊かな(③　　　　)にめぐまれています。海にも陸にもたくさんの(④　　　　)が、たがいにかかわりあいながら生き続けています。

これまでは、(⑤　　　　)以外に生物が生き続けている星は見つかっていません。このかけがえのない(⑤)で生物が生き続けるためには、自然(⑥　　　　)を守らなければなりません。

地球をとりまくかん境問題の中には、森林ばっ採によって広がる(⑦　　　　)の問題があります。

また、工場などで石炭や石油を燃やすと二酸化炭素のはい出量が多くなり、地球の温度が上がる(⑧　　　　)の問題もあります。

さらに、空気中に増えるちっ素酸化物が雨にとける(⑨　　　　)の問題などがあります。

電気のスイッチを小まめに切ったり、(⑩　　　　)などの化石燃料にたよらないエネルギーを考えたり、水の使用量を減らしたりすることは、私たちにできる大切なことです。

太陽	生物	大気	地球	自然	石油
温暖化(おんだんか)	砂(さ)ばく化	かん境	酸性雨		

2 次の(　　　)にあてはまる言葉を［　　］から選んでかきましょう。

(1) 住宅(じゅうたく)を建てるためや(①　　　　)をつくるために木が大量に切られたりして、森林が(②　　　　)しています。

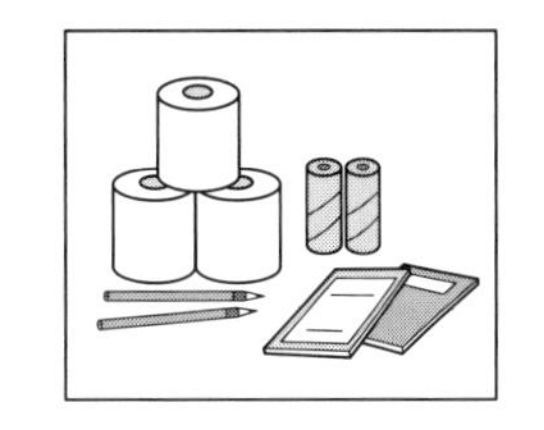

　再生紙を使うことは(③　　　　)を守ることにもつながります。

森林　　減少　　紙

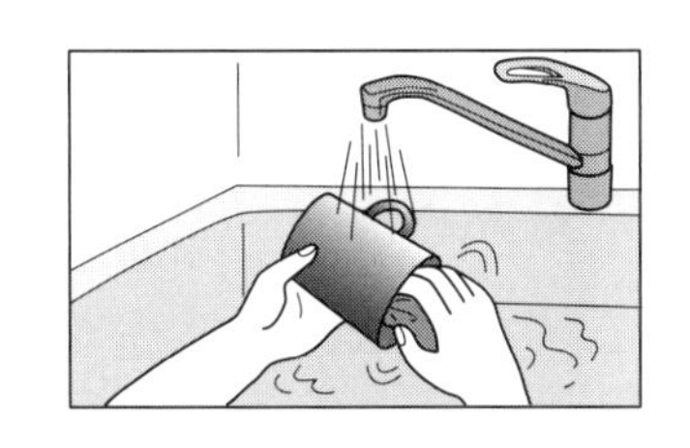

(2) (①　　　　)や工場で使った水が川に流され、川や(②　　　　)の水がよごれると生物が生きていけなくなります。

　だから、家庭や(③　　　　)で使われた水を(④　　　　　　)で、きれいな水にしてから川に流します。

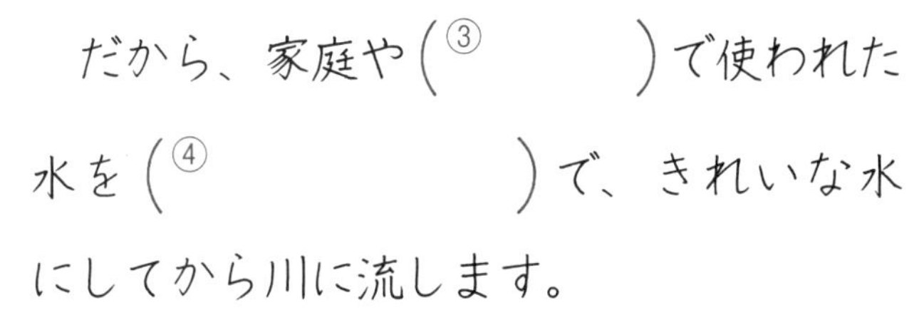

下水処理場(げすいしょりじょう)　　海　　家庭　　工場

(3) (①　　　　)や石炭が燃料として燃やされ、空気中の(②　　　　　　)が増えると、地球の(③　　　　)の原因にもなります。

二酸化炭素　　石油　　温暖化(おんだんか)

8 電気の利用

月　日

ホップ

◆ なぞったり、色をぬったりしてイメージマップをつくりましょう

電気をつくる

利用（電気を使う）　発電（電気をつくる）

モーターが回る　モーターを回す

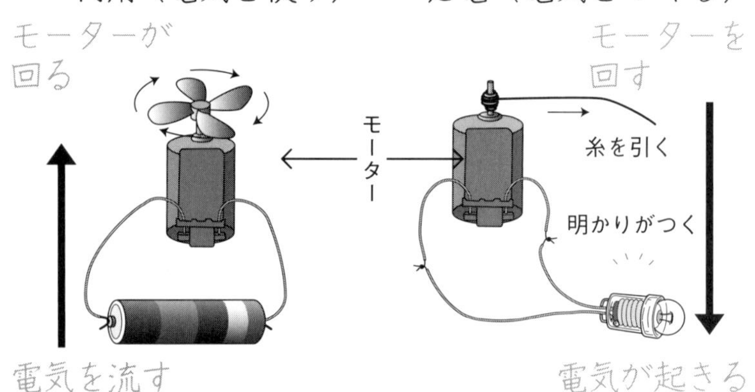

電気を流す　電気が起きる

回転の向きを変える　電流の向きが変わる

回転を速くする　電流が強くなる

◆自転車の発電機

じくが回ると発電する

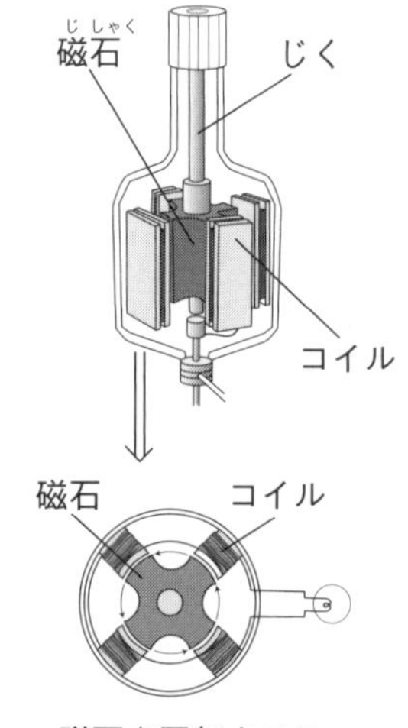

大型タービンを回す発電所

発電機

磁石

コイル

タービン（力を受けやすくする羽をつける）

火力発電――石油を燃やし、水蒸気でタービンを回す

原子力発電――原子力で水蒸気をつくり、タービンを回す

地熱発電――地下の熱でつくられた水蒸気でタービンを回す

水力発電――水の力でタービンを回す

風力発電――風の力でプロペラを回す

太陽光発電

日光をあてて発電する

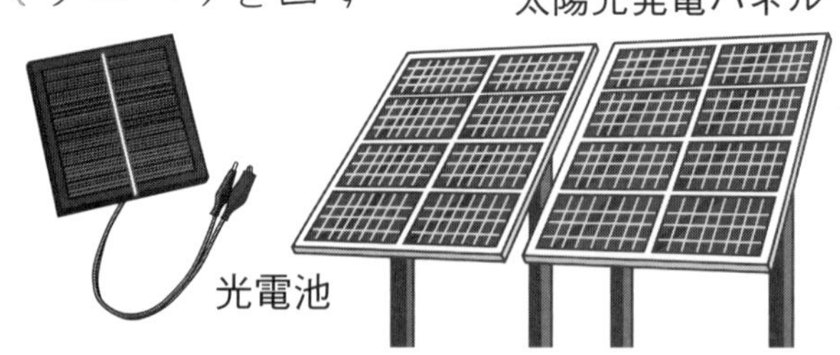

電気をためる

手回し発電機（電気をつくる） ⟶ コンデンサー（電気をためる）

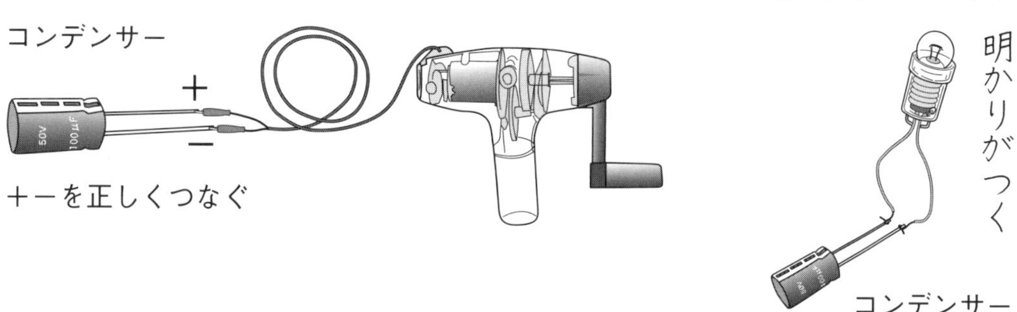

電気の利用

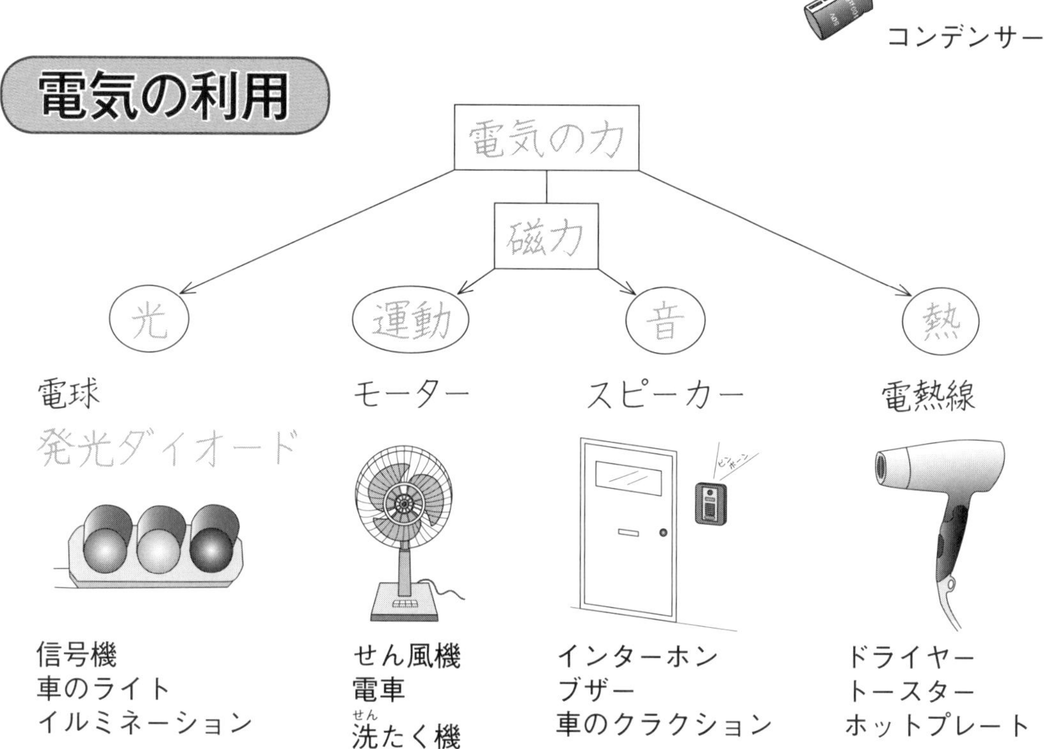

電流と発熱

電熱線の太さと発熱

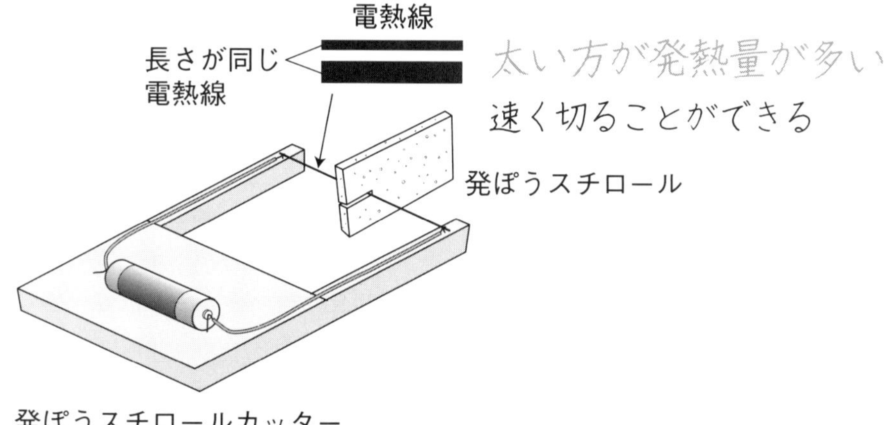

8 電気をつくる・ためる (1)

月　日

ステップ

1 次の(　　　)にあてはまる言葉を[　　]から選んでかきましょう。

(1) 図のように(①　　　　　)をつないだモーターのじくに糸をまきつけます。糸を引いてモーターを(②　　　　)させました。すると豆電球がつきました。これを利用したものが(③　　　　　　　　)です。

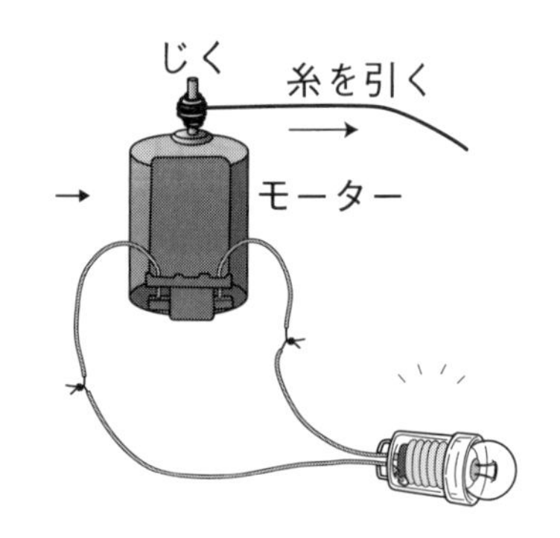

手回し発電機　　豆電球　　回転

(2) 手回し発電機のハンドルを回すと(①　　　　)がつくられて、モーターが(②　　　　)しました。電気をつくることを(③　　　　)といいます。

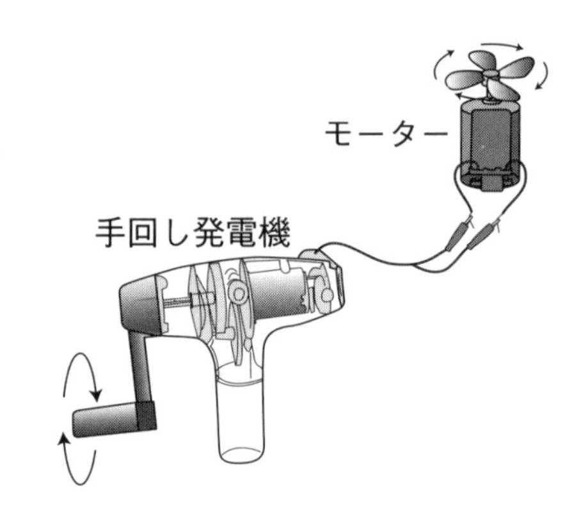

電気　　発電　　回転

(3) ハンドルを逆向きに回すとモーターも(①　　　　　)に回転しました。これは(②　　　　)の向きが逆になったからです。ハンドルを速く回すと、モーターも(③　　　　)回転しました。これは電流が強くなったからです。

電流　　速く　　逆向き

> **おうちの方へ**　手回し発電機で電気をつくることができます。つくった電気はコンデンサーにたくわえることができます。

2　図は、電気をためる実験のようすを表したものです。次の(　　)にあてはまる言葉を[　　]から選んでかきましょう。

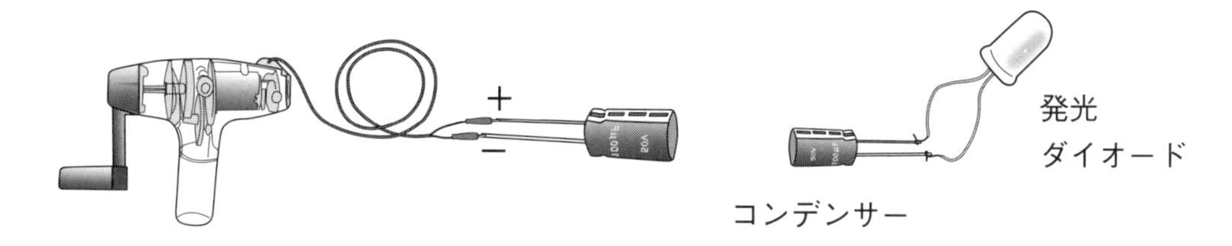

(1)　電気をためる部品の１つに(①　　　　　　)があります。(①)を使うと、手回し発電機で(②　　　　)した電気を(③　　　　　　)ことができます。このたくわえた電気は(④　　　　　　　)につないで使うことができます。

発光ダイオード　　コンデンサー　　たくわえる　　発電

(2)　ハンドルを回す回数を変えて、発光ダイオードが光る時間を調べると表のようになりました。

ハンドルを回す回数	光る時間
10回	１分20秒
20回	２分20秒
30回	２分50秒

(①　　　　　　　)に電気をたくわえるとき、ハンドルを回す回数を(②　　　　)すると(③　　　　　　　　)が光る時間は(④　　　　)なりました。

発光ダイオード　　コンデンサー　　長く　　多く

電気をつくる・ためる（2）

月　日

1 次の（　　）にあてはまる言葉を□から選んでかきましょう。

(1) 図は、風力発電のしくみを表したものです。

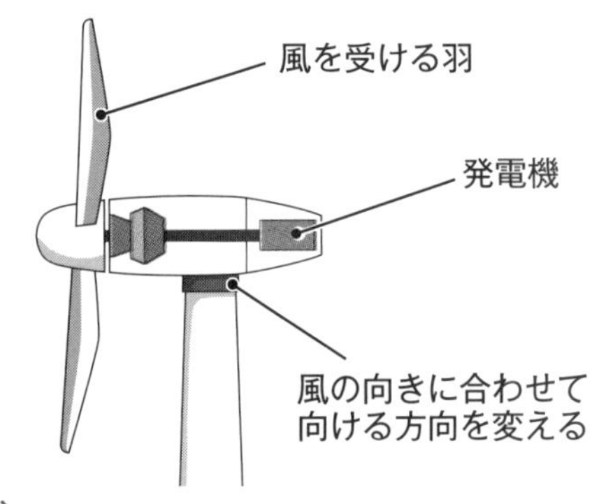

風力発電は、（①　　　）が風車にあたり、中の発電機が回ることで（②　　　）します。

風が弱いと、発電量が（③　　　）なるため、風が強くふく海岸や（④　　　）などに、風車が多く建てられます。風力発電は、燃料を使わず、（⑤　　　）の力を利用する発電方法です。

山　自然　風　発電　少なく

(2) 図は、火力発電のしくみを表したものです。

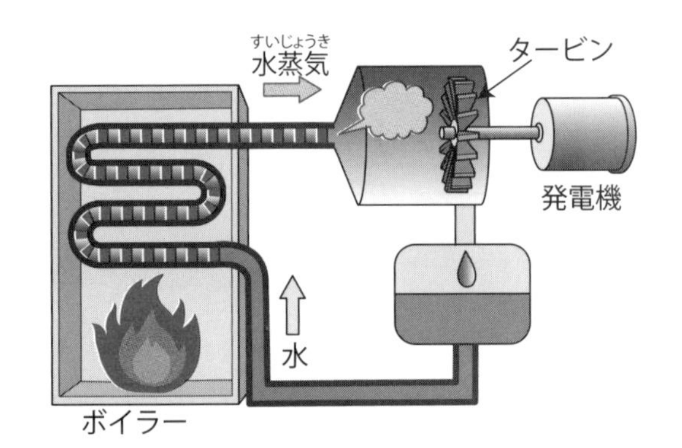

火力発電は、（①　　　）や石炭などで水を熱して（②　　　）にし、その力で（③　　　）を回転させて、（④　　　）します。

水蒸気　タービン　石油　発電

おうちの方へ　火力発電のしくみは、石油などを燃やし、水を熱して水蒸気をつくり、その力を利用してタービンを回して発電させます。

2 次の(　　)にあてはまる言葉を□から選んでかきましょう。

光電池にモーターをつなぎ、(①　　　)をあてます。するとモーターは回ります。光電池は、光の力を(②　　　)の力に変かんするはたらきがあります。

光電池
モーター

光電池を半とう明のシートでおおい、光電池にあたる光の量を(③　　　)します。すると、モーターは(④　　　)回ります。

光電池にあたる光が強いほど、(⑤　　　)電流が流れます。

少なく　ゆっくり　光　電気　強い

3 ㋐～㋒は、電気に関係のある器具です。あとの問いに答えましょう。

㋐　㋑　㋒

50V 100μF

(1) 器具の名前を□にかきましょう。

(2) (1)のどの器具の特ちょうをかいたものですか。記号で答えましょう。

① 電気をたくわえるはたらきがあります。　(　　)

② 電気を使って光るはたらきがあります。　(　　)

③ 電気をつくるはたらきがあります。　(　　)

電気の利用 (1)

月　日

1 次の(　　)にあてはまる言葉を□から選んでかきましょう。

(1) コイルに(① 　　　)を流すと、導線が(② 　　　)なることがあります。これは、電流に導線を(③ 　　　)させるはたらきがあるからです。

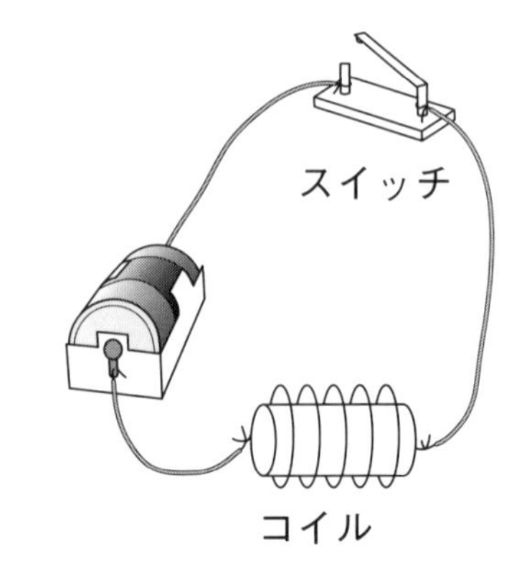

発熱　　熱く　　電流

(2) 太さのちがう(① 　　　)に電流を流し、発ぽうスチロールが切れるまでの時間を調べました。

このとき、電熱線の(② 　　　)、発ぽうスチロールの(③ 　　　)や、(④ 　　　)は同じにしておきます。

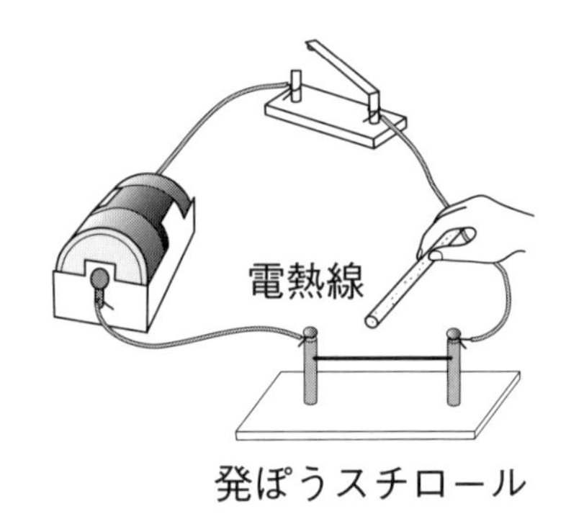

電熱線　　太さ　　長さ　　電池の数

(3) 発ぽうスチロールが切れるまでの時間は、太い電熱線を使ったときは(① 　　　)かかり、(② 　　　)電熱線を使ったときでは約4秒かかりました。このことから電熱線の(③ 　　　)方が電流による発熱が大きいことがわかります。

電熱線の太さ	切れるまでの時間
太い直径0.4mm	約2秒
細い直径0.2mm	約4秒

太い　　細い　　約2秒

おうちの方へ　電気を光に変かんしたり、音に変かんしたり、熱に変かんしたりして利用します。

2　電気の利用について、次の(　　)にあてはまる言葉を[　　]から選んでかきましょう。

電球や(①　　　　)は電気を光に変かんしています。

防犯ベルやスピーカーは電気を磁石の力にして(②　　　　)に変かんしています。

アイロンや電気ストーブは、電気を(③　　　　)に変かんしています。

このように私たちは(④　　　　)をいろいろなものに変えて利用しています。

発光ダイオード	熱	音	電気

電気を光に変かん

電球

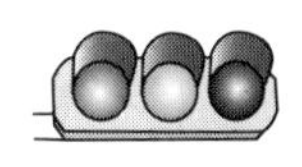

発光ダイオード

電気を音に変かん

スピーカー

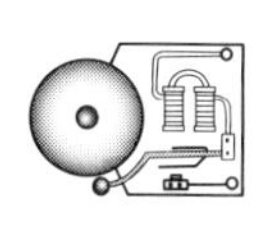

ベル

電気を熱に変かん

アイロン

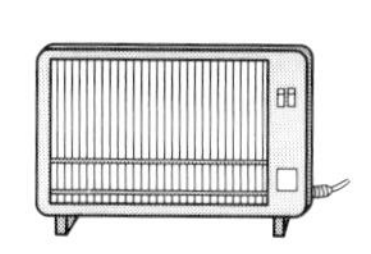

電気ストーブ

3　次の発電の方法について正しく説明したものを㋐～㋒から選んで記号で答えましょう。

①　水力発電(　　)　②　風力発電(　　)　③　太陽光発電(　　)

㋐　ダムにたくわえた水が低いところへ落ちるときにタービンを回して発電します。

㋑　光電池に日光をあてて発電します。

㋒　風の力で大きなプロペラを回して発電します。

8 電気の利用 (2)

月　日

1 右図の装置（そうち）で、太さのちがう電熱線に電流を流し、同じ太さの発ぽうスチロールが切れるまでの時間を調べました。

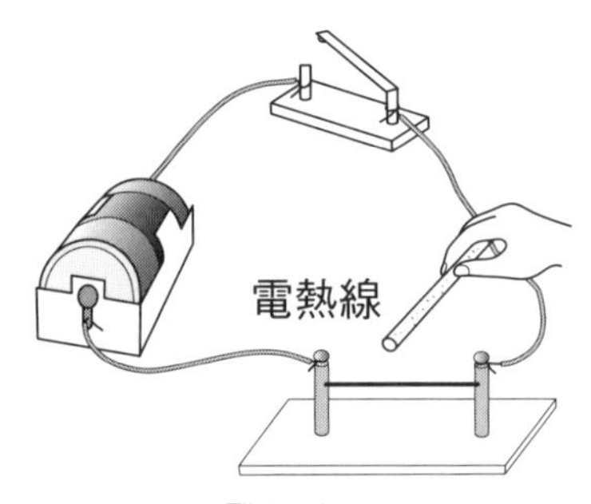

(1) 電熱線の発熱のようすと発ぽうスチロールの棒（ぼう）が切れるのにかかる時間について、正しいものを㋐～㋒から選びましょう。　(　　)

㋐ 電熱線の発熱の大きいほど、発ぽうスチロールの棒は速く切れます。

㋑ 電熱線の発熱が小さいほど、発ぽうスチロールの棒は速く切れます。

㋒ 電熱線の発熱、発ぽうスチロールの棒が切れるまでの時間とは関係していません。

(2) この実験で、発ぽうスチロールの太さ以外に同じにしないといけないものは何ですか。㋐～㋔から2つ選びましょう。

(　　)(　　)

㋐ 電池の数　　㋑ 電池の向き　　㋒ 電熱線の長さ

㋓ スイッチの数　　㋔ 実験をする温度

(3) 太さが0.4mmの電熱線と太さが0.2mmの電熱線を使ってこの実験を行いました。実験を行ったときの電池の数や、電熱線の長さはどれも同じでした。

① 発ぽうスチロールの棒が速く切れるのはどちらですか。

(　　　　　　)

② 電熱線の発熱が大きかったのはどちらですか。

(　　　　　　)

おうちの方へ　電熱線は、長さが同じであれば、太いものの方が発熱量は多くなります。

2 次の図を見て、(　　)にあてはまる言葉を［　　］から選んでかきましょう。

スマートハウスは、(①　　　　)発電でつくった電気をいろいろな(②　　　　)に効率よく(③　　　　)します。

また、あまった電気は(④　　　　　　)の(⑤　　　　)や家庭用の(⑥　　　　)にためて、必要なときに利用できるしくみになっています。

電気自動車　太陽光　利用　ちく電池　家電製品　バッテリー

3 次の(　　)にあてはまる言葉を［　　］から選んでかきましょう。

(①　　　)発電は、高いところから低いところへ水が落ちる力を利用して、タービンを回すしくみになっています。風力発電も(②　　　)の力を利用して大きなプロペラを回し、その力で(③　　　　)のような発電機を回転させて発電しています。

火力発電は、火で(④　　　　)をつくり、その水蒸気でタービンを回しています。どれももとになる発電のしくみは同じです。

風　水力　水蒸気　モーター

8 電気の利用 まとめ (1)

1 図のように、手回し発電機をコンデンサーにつないでハンドルを回したあと、コンデンサーを豆電球につないだところ、しばらくの間、豆電球が光りました。

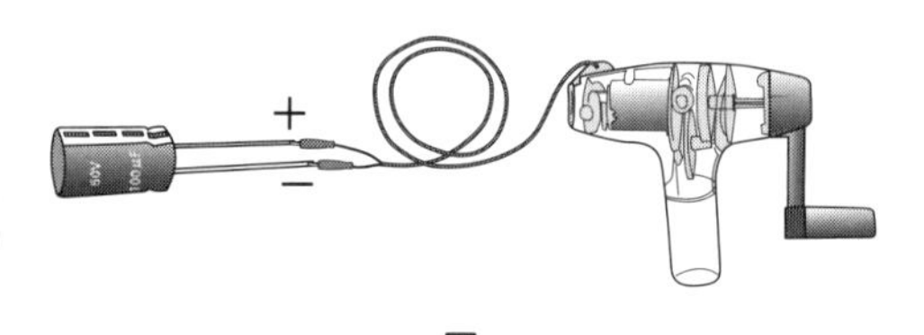

豆電球

コンデンサー

(1) 光っている豆電球の温度はどうなっていますか。㋐〜㋒から選びましょう。

（　　）

㋐ 光る前よりも熱くなっている。

㋑ 光る前よりも冷たくなっている。

㋒ 光る前とあまり変わらない。

(2) ハンドルを回す回数を多くして、同じ実験をしました。豆電球が光る時間はどうなりますか。㋐〜㋒から選びましょう。

（　　）

㋐ 長くなる。　　㋑ 短くなる。　　㋒ 変わらない。

(3) 豆電球の代わりに、発光ダイオードを使いました。豆電球と発光ダイオードの光っている時間はどうなっていますか。㋐〜㋒から選びましょう。

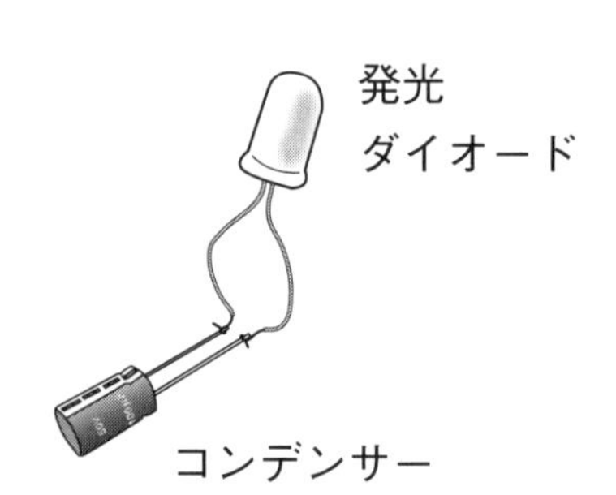

（　　）

㋐ 豆電球の方が長い時間光っている。

㋑ 発光ダイオードの方が長い時間光っている。

㋒ どちらもほぼ同じ時間光っている。

2 次の(　　)にあてはまる言葉を[　]から選んでかきましょう。

(1) 私(わたし)たちが使う電気の多くは、(①　　　)発電でつくられています。(②　　　)や石炭、天然ガスなどの(③　　　)燃料を燃やして、水を(④　　　)に変え、その力で発電機の(⑤　　　)を回しています。

発電にはその他、原子の力で(④)をつくり、(⑤)を回すものもあります。

最近、自然の力を利用する(⑥　　　)発電や(⑦　　　)発電も増えてきています。

石油	水蒸気	火力	化石
風力	太陽光	タービン	

(2) 

スマートハウスは、電気を効率的に使うように設計された家のことです。

(①　　　)に取りつけた(②　　　)パネルで発電し、照明器具やパソコン・テレビなどの(③　　　)に利用します。また、あまった電気は、(④　　　)のバッテリーや家庭用(⑤　　　)にためるようにもできています。

ちく電池	電気自動車	屋根	家電製品	太陽光

8 電気の利用 まとめ (2)

月　日

1 次の(　　)にあてはまる言葉を[　　]から選んでかきましょう。

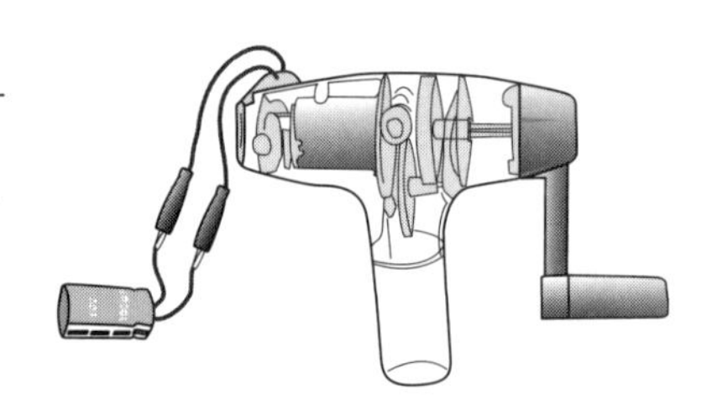

(1) 図のように(①　　　　)を、手回し発電機につなぎ、ハンドルを回しました。

そのあと(①)に(②　　　　)をつなぎました。しばらく(③　　　　)し、やがて消えました。

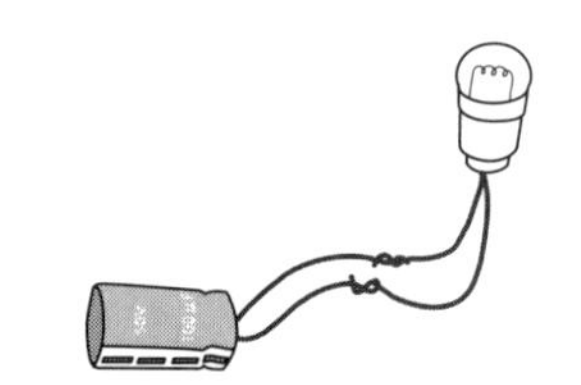

これより(①)には(④　　　　)をたくわえるはたらきがあることがわかります。また、(①)は(⑤　　　　)ともいいます。

豆電球　　点灯　　ちく電池　　電気　　コンデンサー

(2) コンデンサー２個を、手回し発電機につないで電気をたくわえました。

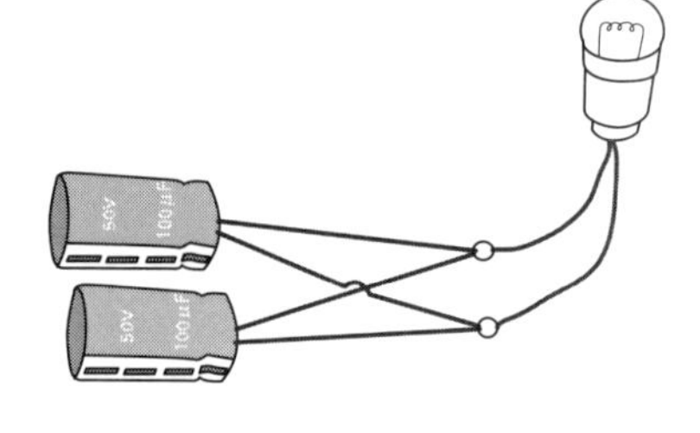

そのあと(①　　　　)につないだところコンデンサーが(②　　　　)のときよりも(③　　　　)時間、点灯しました。

コンデンサーのように電気をたくわえるものにノートパソコンや(④　　　　)の(⑤　　　　)などがあります。

けい帯電話　　バッテリー　　長い　　１個　　豆電球

2 次の(　　)にあてはまる言葉を[　]から選んでかきましょう。

(1) 電球や(①　　　　　　　)は電気を光に変かんしています。

ベルやスピーカーは電気を(②　　　　)に変かんしています。

アイロンや電気ストーブは、電気を(③　　　　)に変かんしています。このように私(わたし)たちは(④　　　　)をいろいろなものに変えて利用しています。

電気を光に変かん

電球

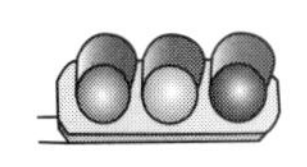
発光ダイオード

電気を音に変かん

スピーカー

ベル

電気を熱に変かん

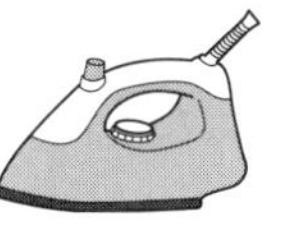
アイロン

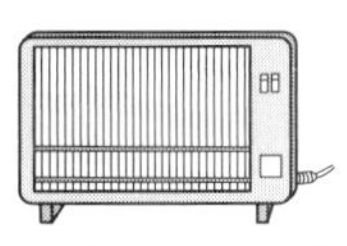
電気ストーブ

電気　　熱　　音　　発光ダイオード

(2) 電熱線は、(①　　　　)が流れると(②　　　　)するニクロムという金属でできています。

電流を流した(③　　　　　)に、熱でとける(④　　　　　　　　)の棒(ぼう)をあてます。電熱線につなぐ電池の数を(⑤　　　　)と、棒は速くとけます。

電熱線の太さを(⑥　　　　)した方が、棒は速くとけます。

発ぽう
スチロール
電熱線の
発熱

発ぽうスチロール　　増やす　　太く 電流　　発熱　　電熱線

9 てこのはたらき

月　日

ホップ

◆ なぞったり、色をぬったりしてイメージマップをつくりましょう

棒(ぼう)を使ったてこ

てこには、作用点・支点・力点がある。

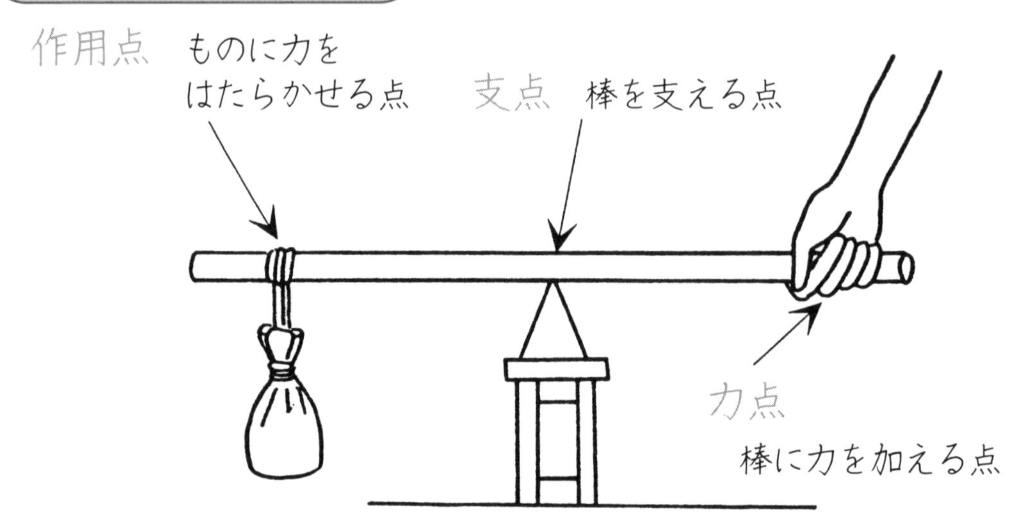

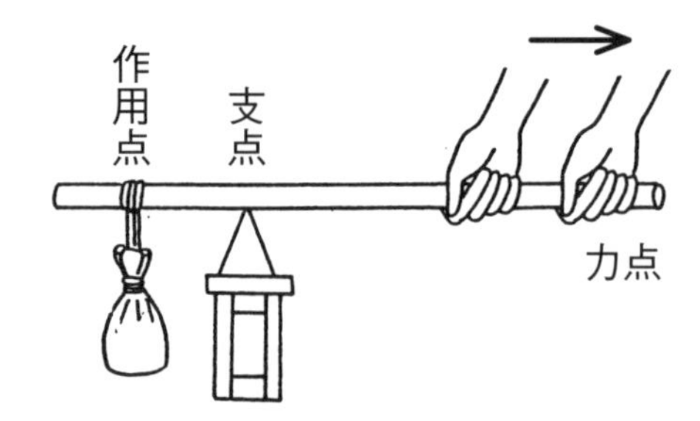

力点を支点から遠ざけると
手ごたえは小さくなる。

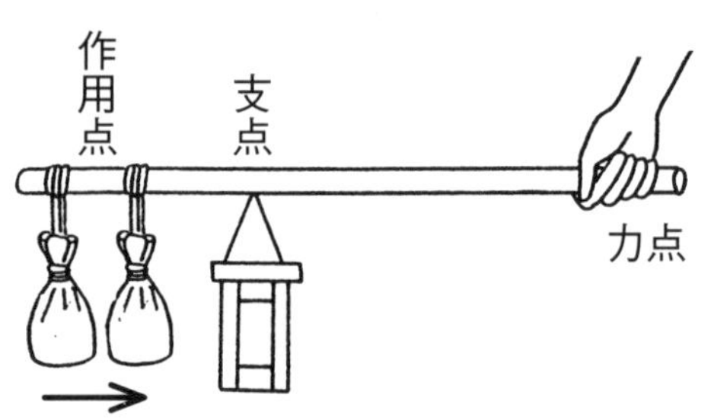

作用点を支点に近づけると
手ごたえは小さくなる。

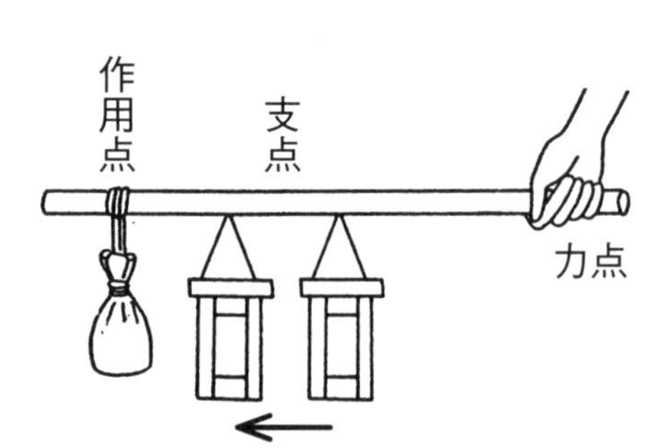

支点が作用点に近い
支点が力点から遠い　ほど
手ごたえは小さくなる。

てこのうでをかたむける力

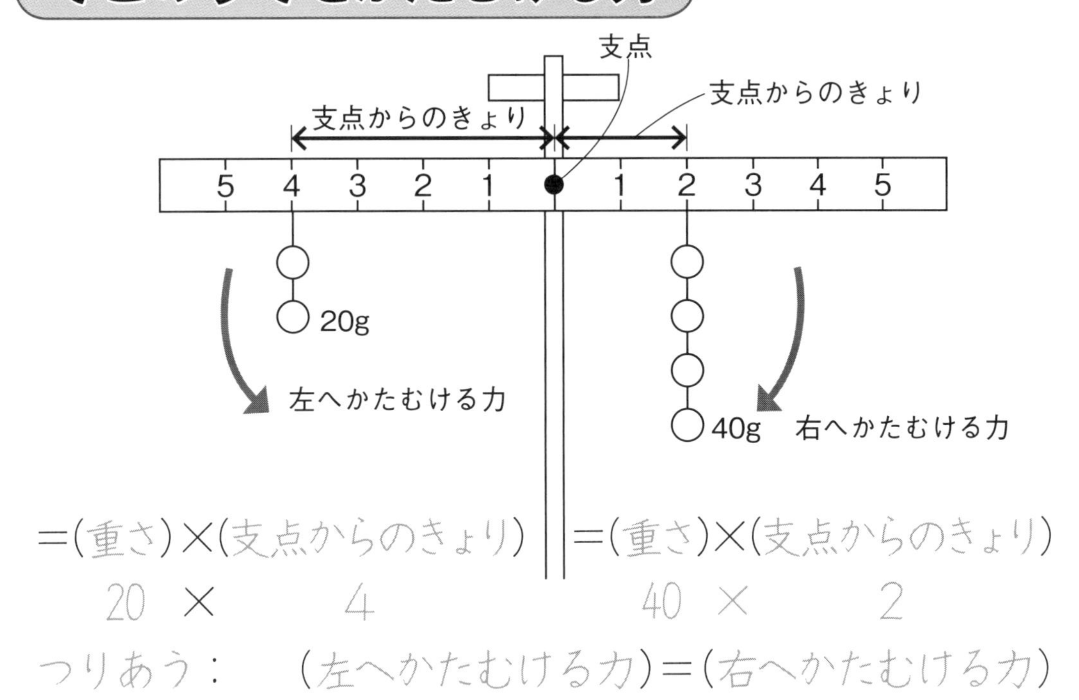

てこを利用した道具

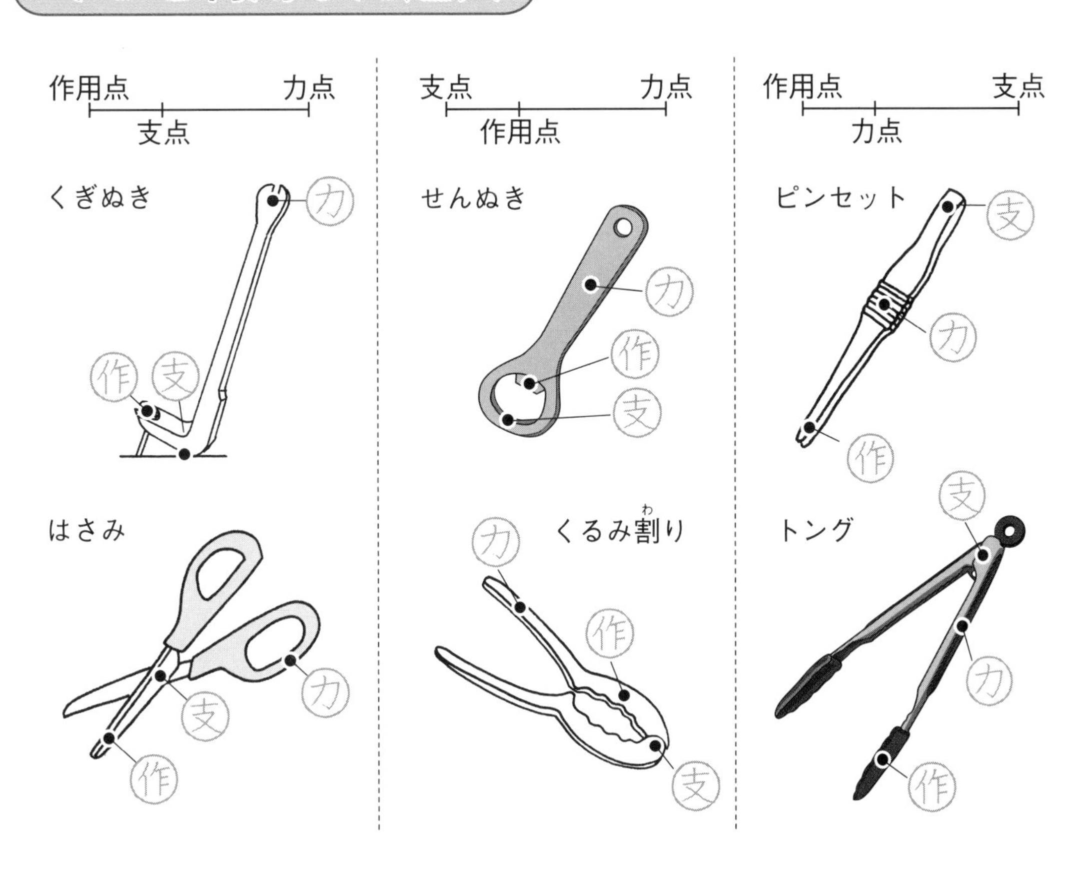

てこのはたらき

■1 図は、てこのようすを表したものです。あとの問いに答えましょう。

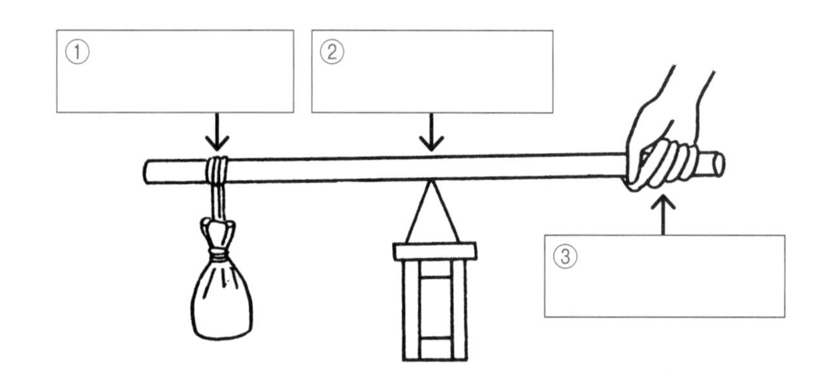

(1) てこには、支点・力点・作用点の3つがあります。支点・力点・作用点はそれぞれどこですか。図の□にかきましょう。

(2) 次の(　　)にあてはまる言葉を□から選んでかきましょう。

支点とは、棒(ぼう)を(①　　　　)ところです。図の台の上の三角形の先です。

(②　　　)とは、棒に力を加えているところです。図の手で棒をにぎっているところです。

作用点とは、ものに(③　　　　　　)ところです。図の荷物をおし上げているところです。

てこを使うと、より(④　　　　)力でものを動かすことができます。

力をはたらかせる	支えている	小さい	力点

おうちの方へ　てこには、支点、力点、作用点の3つの点があります。それぞれの点の位置によって小さい力を大きくして使うことができます。

2　図は、てこの力点や作用点の位置を変えるようすを表したものです。それぞれ手ごたえは小さくなりますか。大きくなりますか。（　　）にかきましょう。

(1)　力点を支点から遠ざけるほど

手ごたえは（　　　　　）なります。

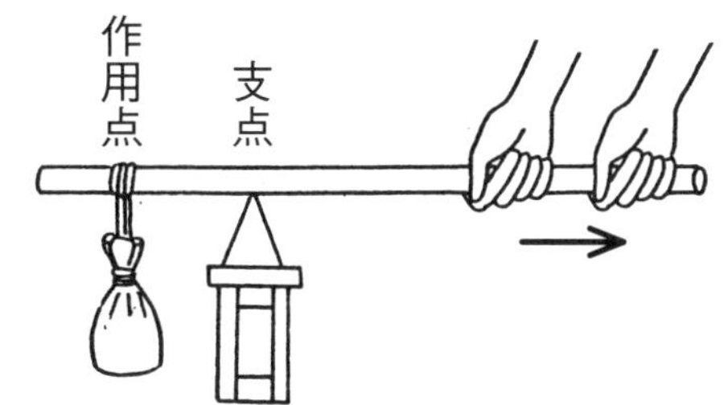

(2)　作用点を支点に近づけるほど

手ごたえは（　　　　　）なります。

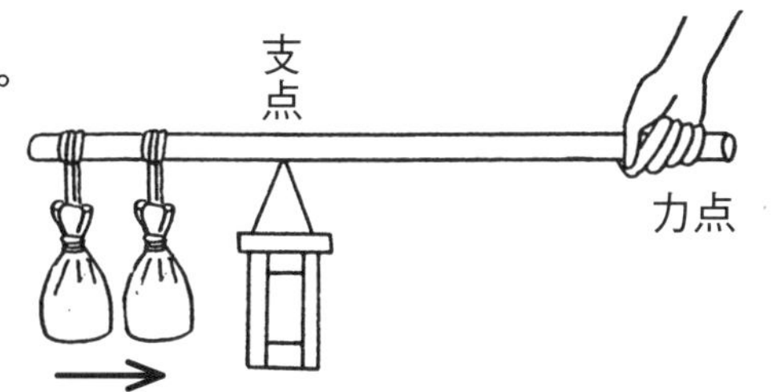

3　図のようにくぎぬきを使ったり、せんぬきを使ったりしたとき、手ごたえが一番小さいのはどれでしょうか。㋐～㋒から選びましょう。

(1)　くぎぬき

（　　）

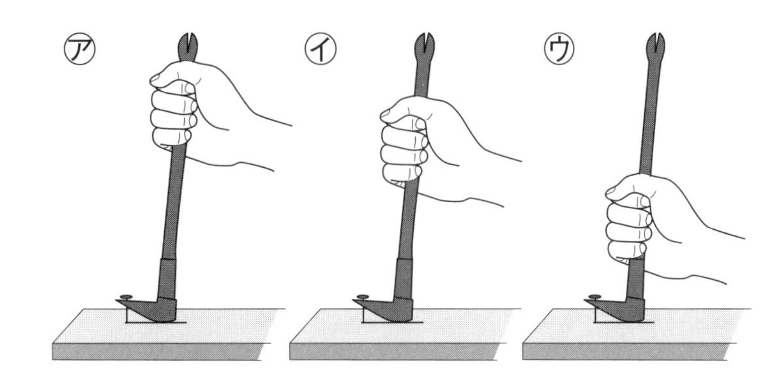

(2)　せんぬき

（　　）

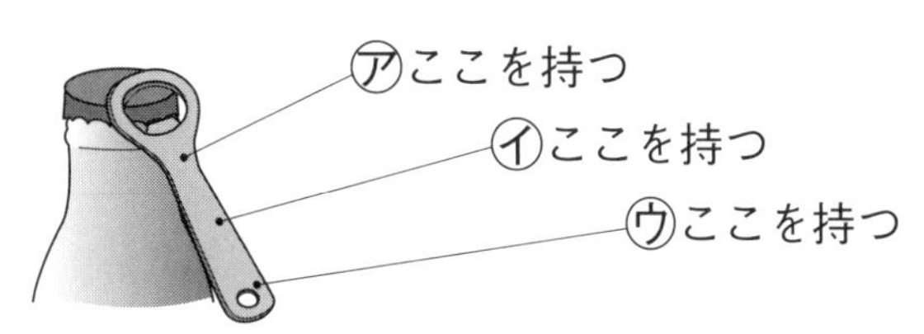

9 てこのつりあい (1)

月　日

1 実験用てこを使って、てこのつりあいを調べます。次の(　　)にあてはまる言葉を[　　]から選んでかきましょう。

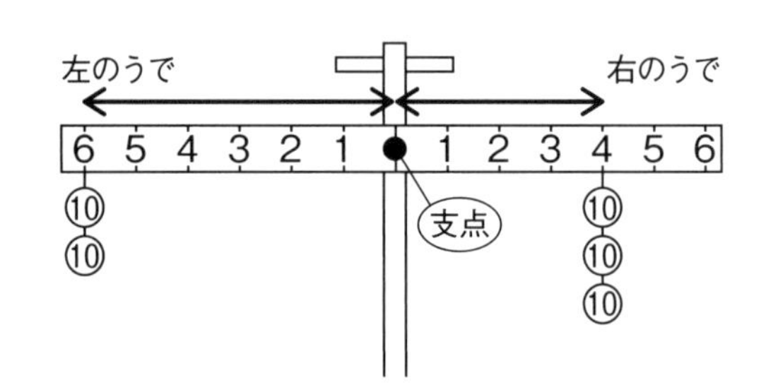

(1) てこは、支点の左右で、うでをかたむけるはたらきが等しいとき、水平になって(①　　　　)ます。てこのうでをかたむける力は

おもりの(②　　　　)× 支点からの(③　　　　)

で表すことができます。

重さ　　きょり　　つりあい

(2) 左のうでをかたむけるはたらきは、(①　　　　　　)が6のところに(②　　　　)のおもりをつるしています。左にかたむける力は

20×(③　　　　) で表すことができます。

右のうでをかたむけるはたらきは、支点からのきょりが(④　　)のところに30gのおもりをつるしています。右にかたむける力は

(⑤　　　　)×4 で表すことができます。

計算すると、支点の左右で(⑥　　　　　　　　)が等しくなるので、てこがつりあうことがわかります。

うでをかたむける力　20g　30　4　6　支点からのきょり

おうちの方へ　実験用てこで左右のうでをかたむける力が等しいとき、つりあうといいます。上皿てんびんも同じです。

2　実験用てこを使って、てこのつりあいを調べます。

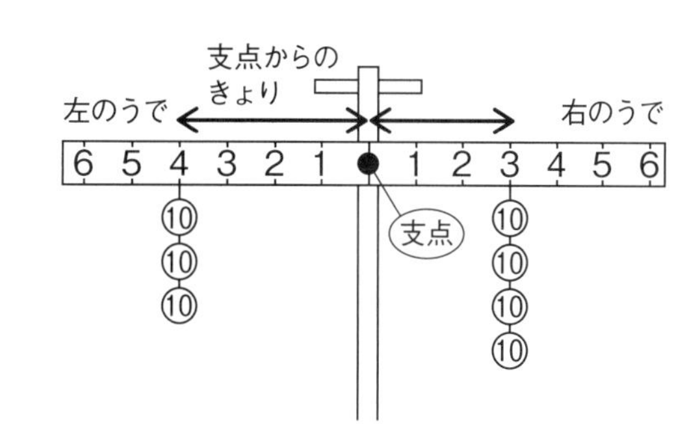

(1)　左うでをかたむける力を計算しましょう。

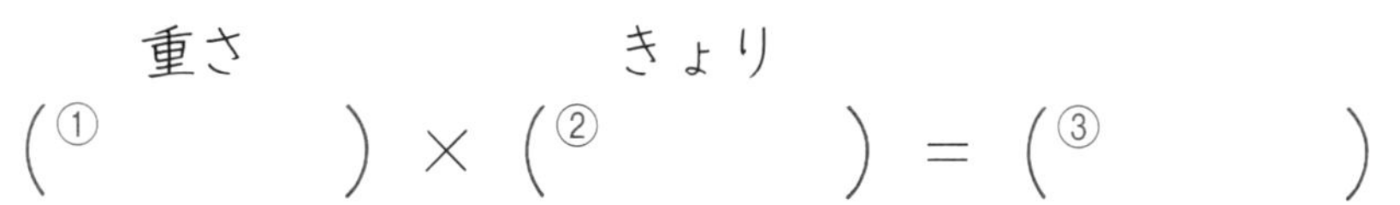

(2)　右うでをかたむける力を計算しましょう。

重さ　　きょり

(①　　　) × (②　　　) = (③　　　)

(3)　てこはつりあいますか。　(　　　　)

3　図のように、てこにおもりをつるしました。かたむける力を計算しましょう。

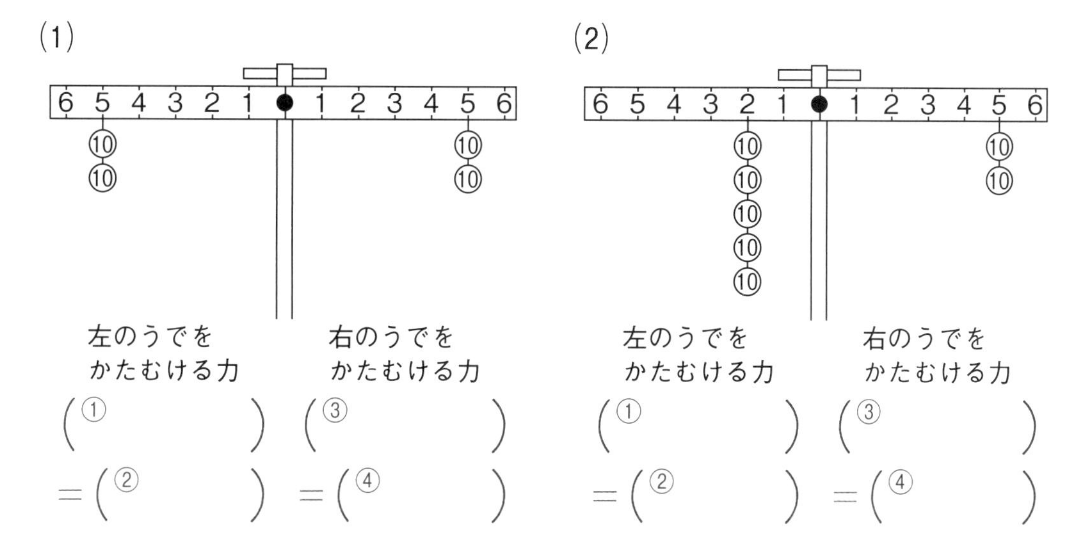

9 てこのつりあい (2)

月　日

ステップ

1 左右にかたむける力を計算しましょう。おもりはすべて10gです。つりあうものには○、つりあわないものに×をかきましょう。

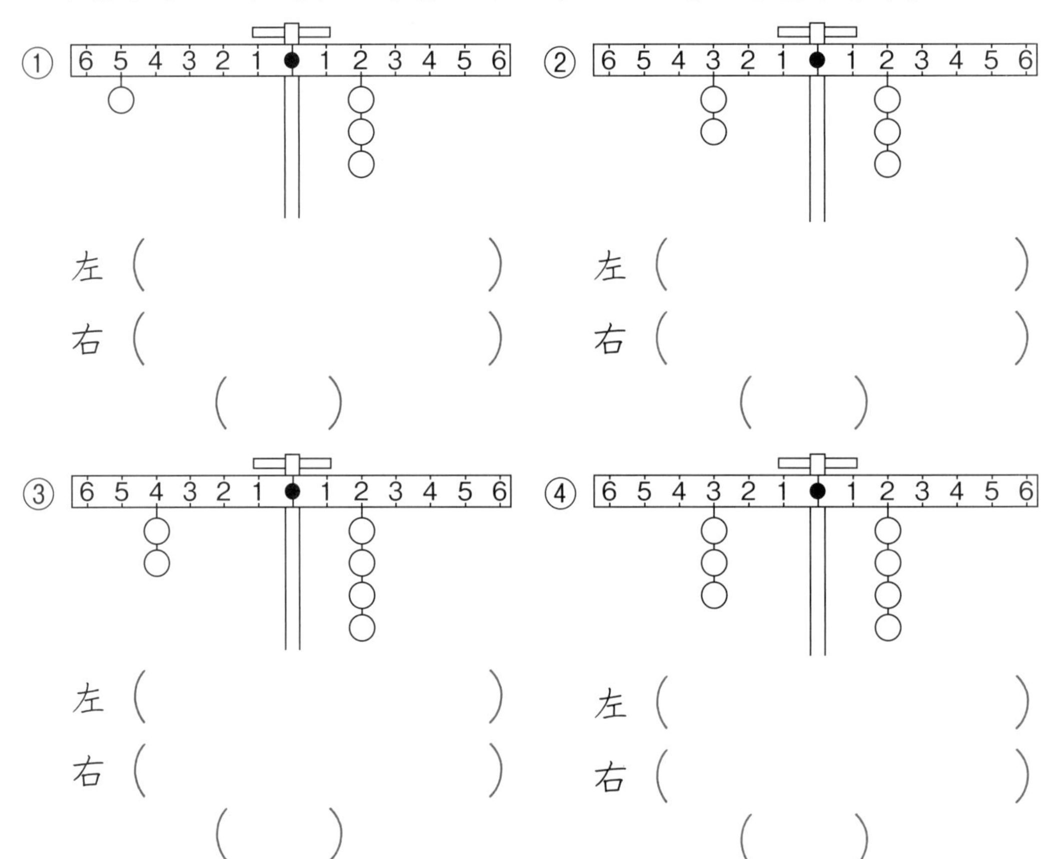

2 次のてこは、何gのおもりをつるすとつりあいますか。

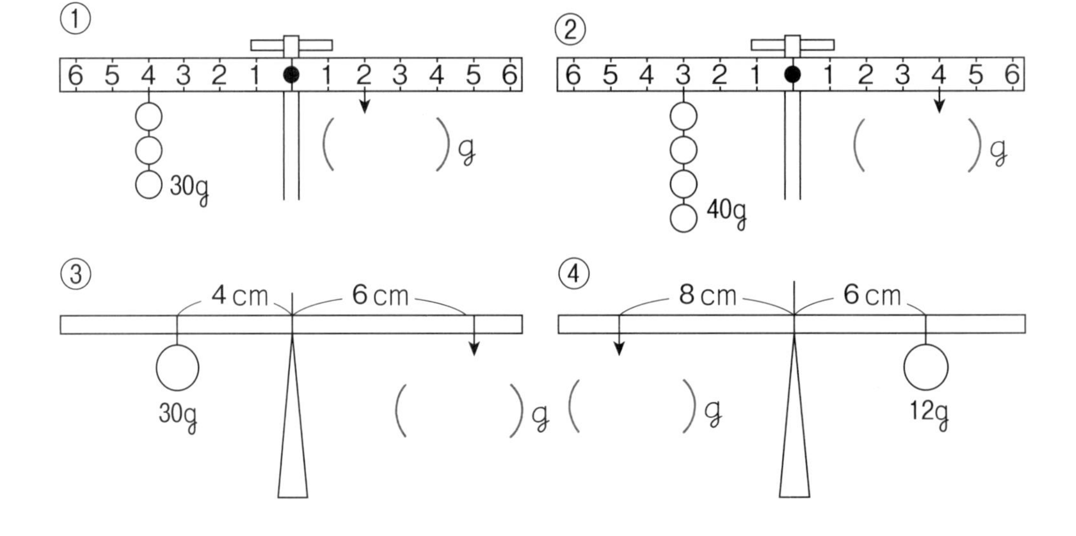

おうちの方へ　左側にかたむける力、右側にかたむける力をそれぞれ計算します。つりあうときは、2つの力が等しくなります。

3　次の場合、支点から何cmのきょりにおもりをつるすとつりあいますか。

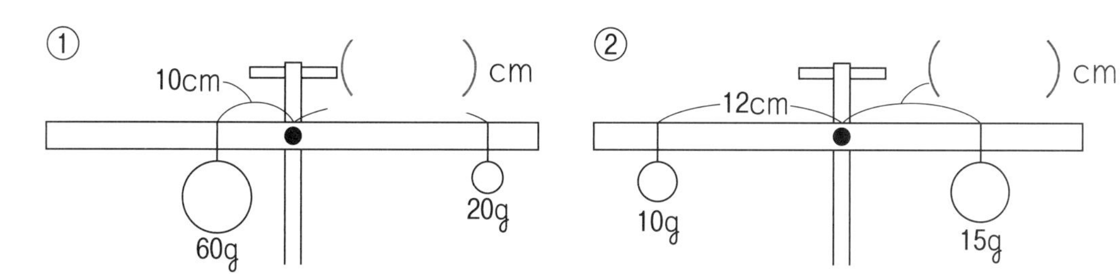

4　次のてこがつりあっているか調べています。

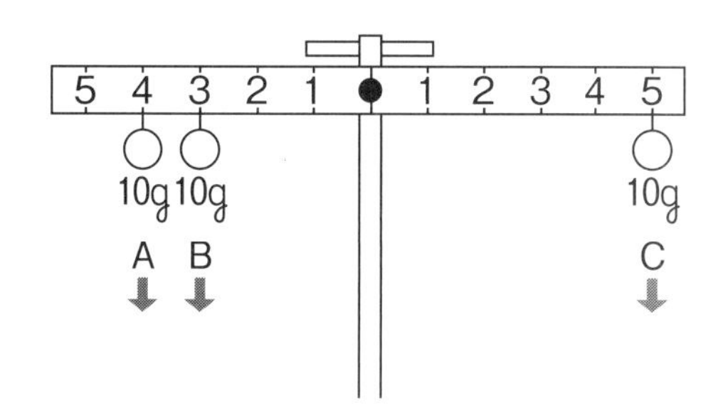

(1)　左うでをかたむける力を求めましょう。

①　左うでをかたむける力は2つあります。それぞれを計算します。

Aの力　(　　　)×(　　　)＝

Bの力　(　　　)×(　　　)＝

②　2つの点にはたらく力をあわせます。

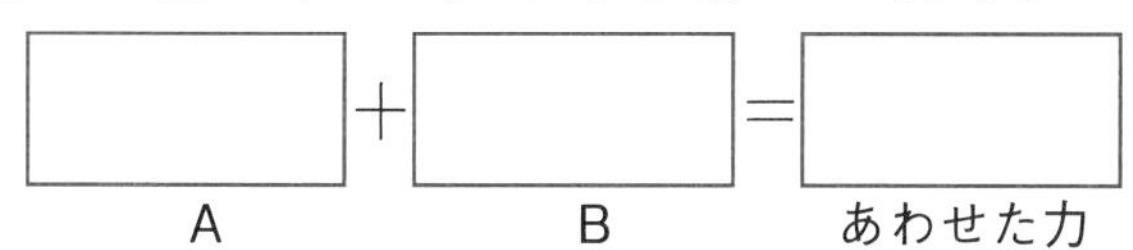

(2)　右うでをかたむける力を計算します。

Cの力　(　　　)×(　　　)＝

(3)　てこはどうなりますか。記号で答えましょう。　(　　　)

㋐　左へかたむく　　㋑　右へかたむく　　㋒　つりあう

9 てこを使った道具

月　日

1 身の周りの道具について、(　　)にあてはまる言葉を[　　]から選んでかきましょう。

(1) 私(わたし)たちが使っている道具には、くぎぬきのように(①　　　　)力で(②　　　　)力を得られるように、(③　　　　)のはたらきを利用しているものがあります。

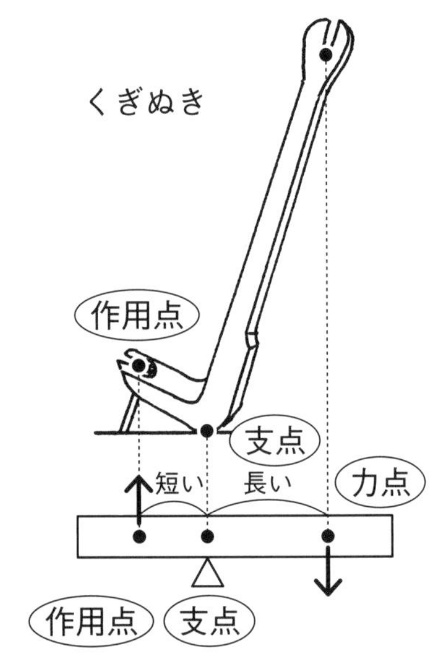

小さい	大きい	てこ

(2) くぎぬきのような(①　　　　)が中にある道具では(②　　　　)と支点のきょりを長く、作用点と支点のきょりを(③　　　　)することで、より(④　　　　)で作業することができます。

力点	支点	短く	小さな力

(3) せんぬきのような(①　　　　)が中にある道具でも、作用点と支点のきょりを(②　　　　)、(③　　　　)と支点のきょりを長くすることでより(④　　　　)で作業することができます。

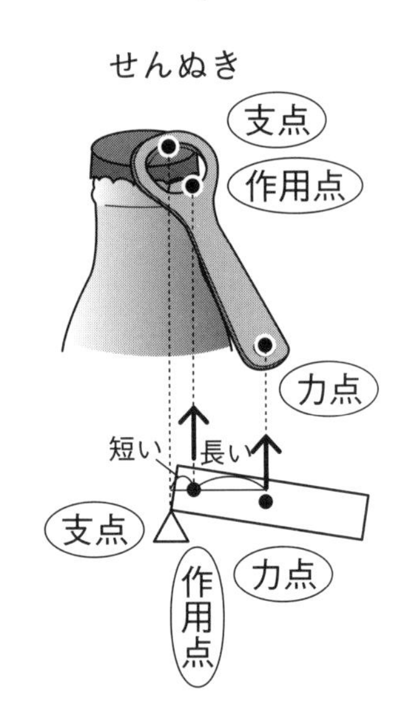

作用点	力点	短く	小さな力

てこを利用したいろいろな道具について学びます。どこが支点か、どこが作用点か、どこが力点か調べます。

2 次の図はてこのはたらきを利用した道具です。支点、力点、作用点はどこか、それぞれ□にかきましょう。

(1) ペンチ

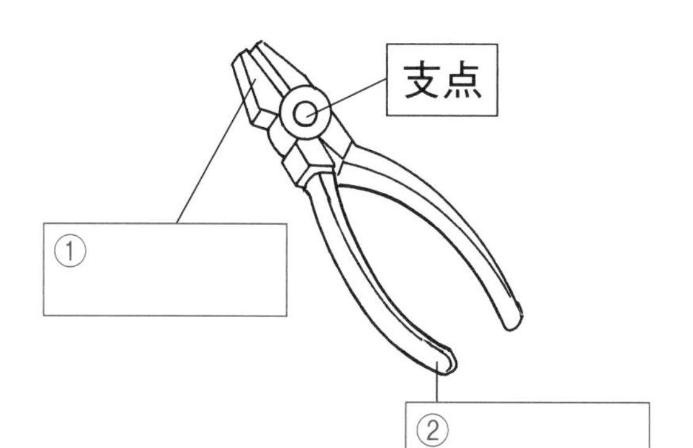

(2) くぎぬき

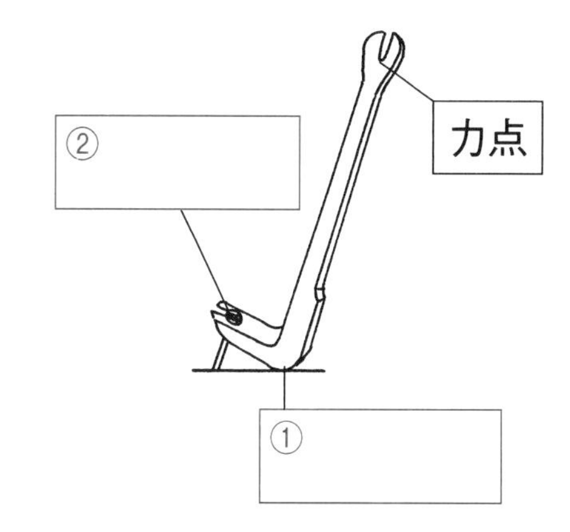

(3) はさみ

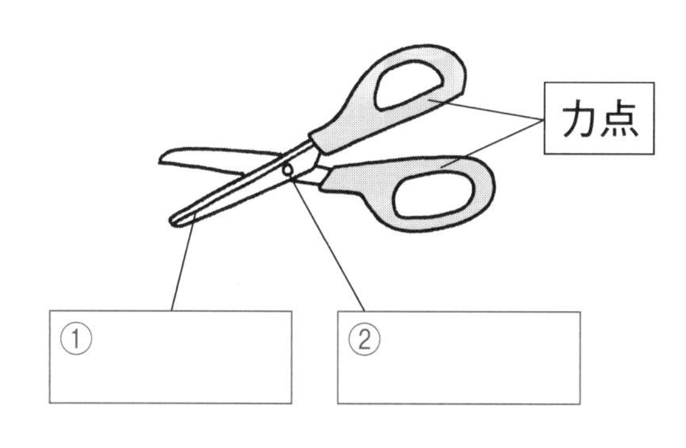

(4) せんぬき

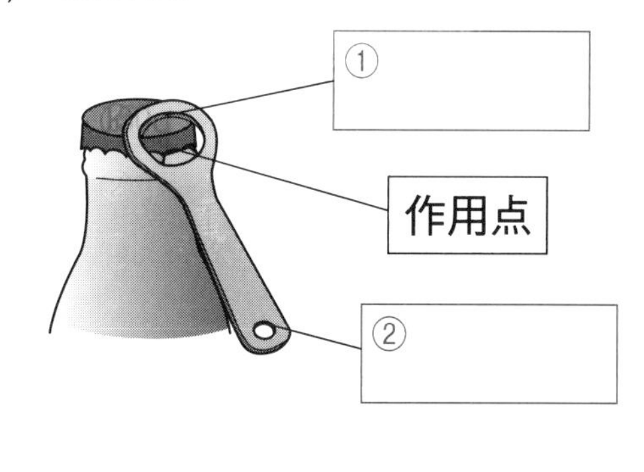

(5) ピンセット

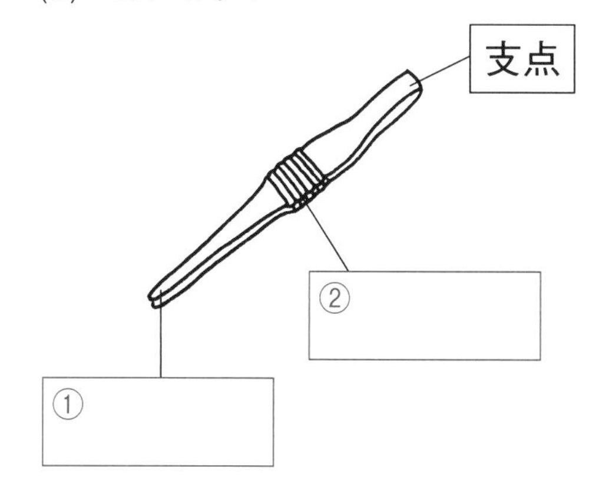

(6) くるみ割(わ)り

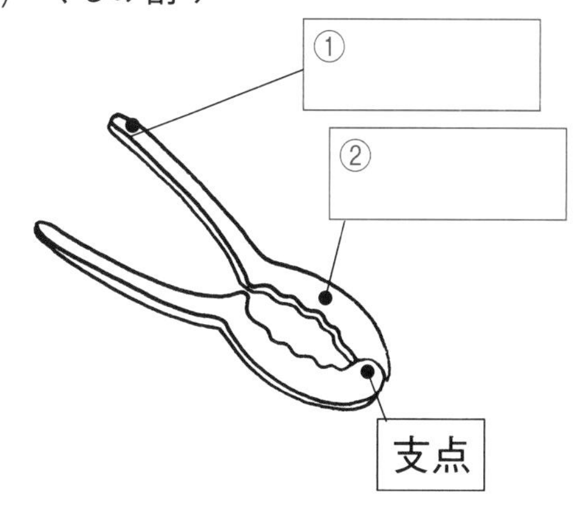

9 てこのはたらき まとめ (1)

1 右図のような装置（そうち）をつくり、ものを持ち上げました。あとの問いに答えましょう。

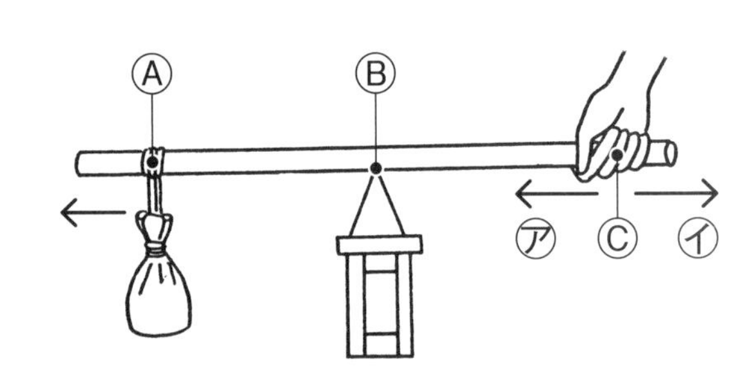

(1) 図のようなしくみを何といいますか。

（　　　　　　）

(2) 図のⒶ、Ⓑ、Ⓒは、それぞれ支点、力点、作用点のうちどれですか。

Ⓐ（　　　　　）　Ⓑ（　　　　　）　Ⓒ（　　　　　）

(3) ⒷとⒸの位置は変えずにⒶの位置を←の向きに変えると手ごたえはどうなりますか。次の㋐～㋒から選びましょう。（　　）

㋐ 大きくなる　　㋑ 小さくなる　　㋒ 変わらない

(4) ⒶとⒷの位置は変えずに、手ごたえを小さくするには、Ⓒを図の㋐、㋑どちらに変えるとよいでしょうか。（　　）

2 てこを利用したペンチについて、あとの問いに答えましょう。

(1) ペンチの作用点はどこですか。図の㋐～㋒から選びましょう。

Ⓐ はしをにぎる

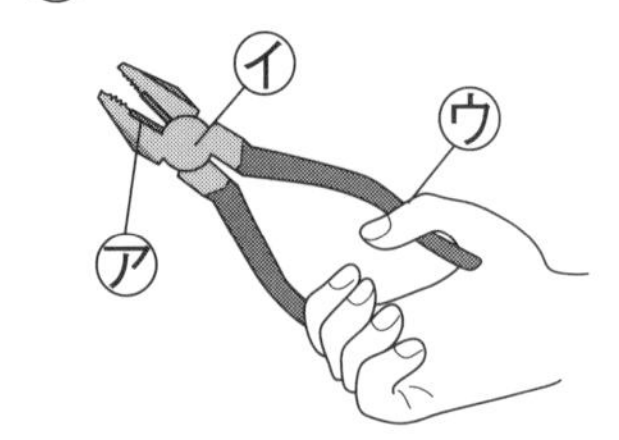

(2) ペンチで針金（はりがね）を切るとき、楽に切れるのはⒶ、Ⓑどちらでしょう。

（　　）

Ⓑ 真ん中をにぎる

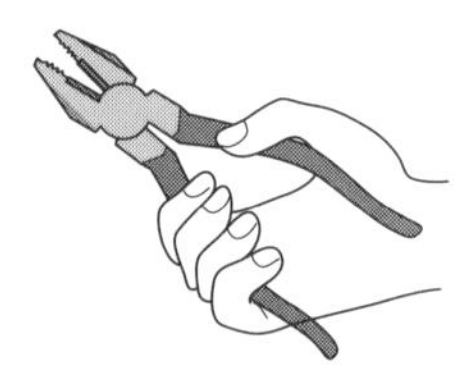

3 てこを利用したくぎぬきについて、あとの問いに答えましょう。

(1) くぎぬきの支点はどこですか。図の㋐～㋒から選びましょう。

（　　）

(2) くぎぬきでくぎを楽にぬけるのは、Ⓐ、Ⓑどちらですか。（　　）

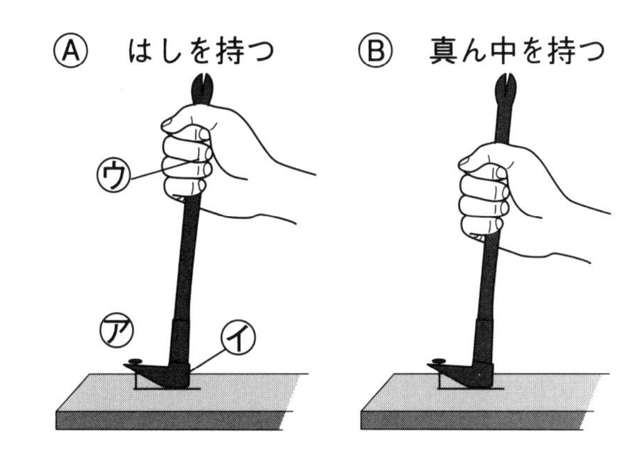

4 てこのつりあいについて、あとの問いに答えましょう。

(1) 次の㋐～㋒のうち、てこがつりあっているものはどれですか。

（　　）

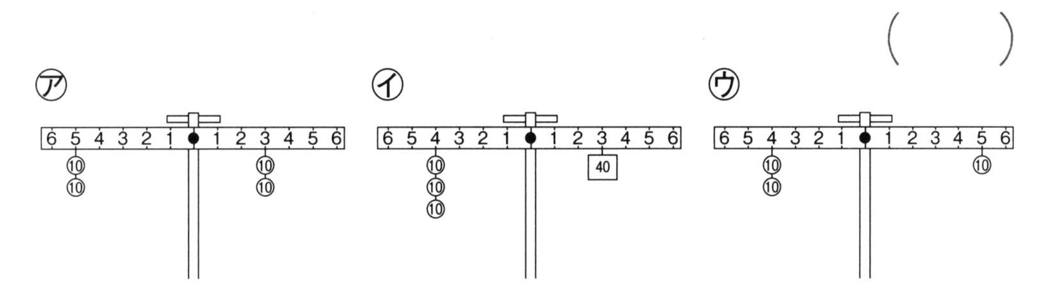

(2) **図1**のように左のうでに20gのおもりをつるしました。40gのおもりをつるして、つりあわせるには、どこにつるせばよいですか。

（　　　　）

図1

(3) **図2**のようにてこに50gのおもりと、荷物をつるすと、つりあいました。この荷物の重さは何gですか。

（　　　　）

図2

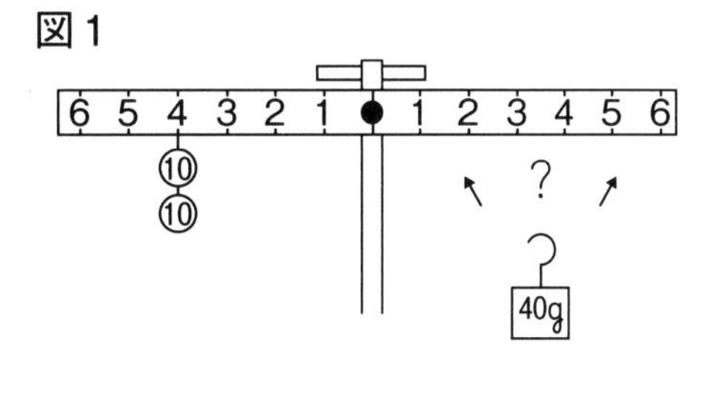

9 てこのはたらき まとめ (2)

月　日

1 次の(　　)にあてはまる言葉を[　]から選んでかきましょう。

(1) 砂(すな)を入れたふくろがあります。直接、手で持ち上げるのと、図のようにして、(①　　　)を使って持ち上げるのと、手ごたえを比べてみました。すると、手で持ち上げるより、(①)を使って持ち上げたときの方が(②　　　)に上がりました。図のようにして、棒(ぼう)のある１点を(③　　　)にしてシーソーのようにすると重いものを(②)に持ち上げることができます。このようなしくみのものを(④　　　)といいます。

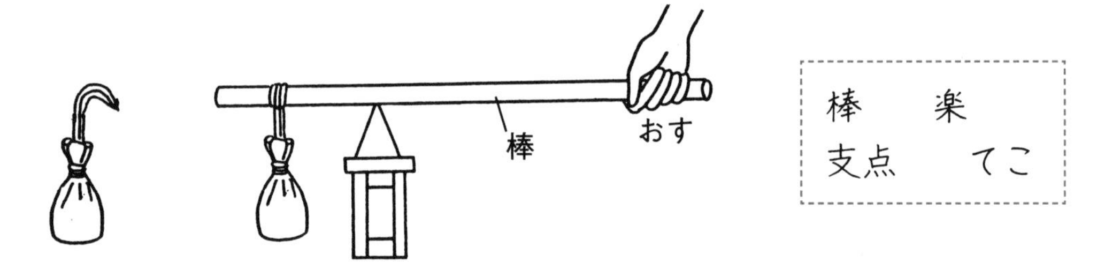

棒	楽
支点	てこ

(2) てこには、右図の３点にそれぞれ力がはたらきます。

手でおさえて、力を加える点を(①　　　)といいます。

てこを支えて、回転の中心になっているところを(②　　　)といいます。

ものが動くように、力がはたらく点を(③　　　)といいます。

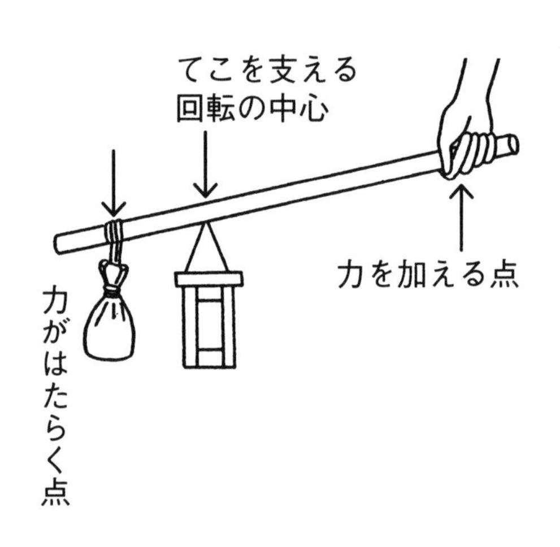

力点	作用点	支点

2 図のように、棒で石を動かしています。あとの問いに答えましょう。

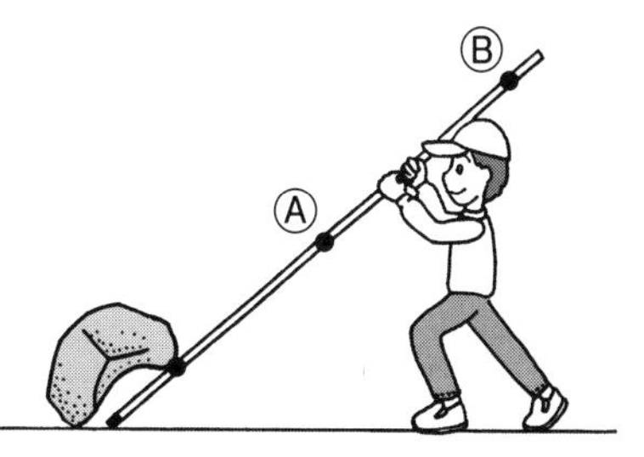

(1) このてこの使い方は、㋐〜㋒のどれですか。 (　　　)

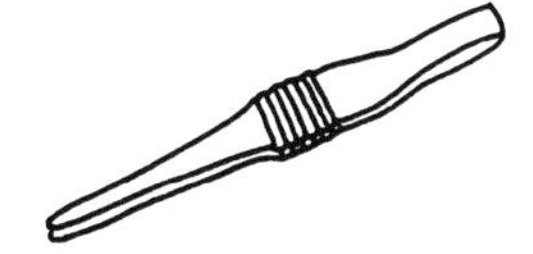

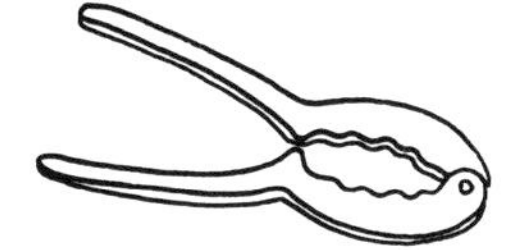

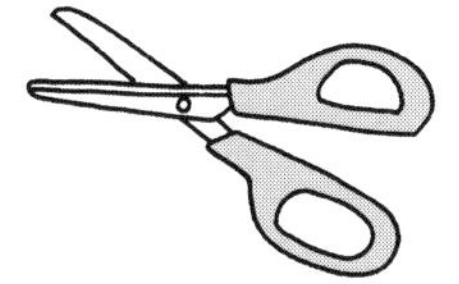

(2) 楽に石を動かすには、Ⓐ、Ⓑどちらをおせばよいですか。

(　　　)

(3) 次の道具は、(1)の㋐〜㋒のどの使い方になりますか。記号で答えましょう。

① ピンセット (　　　) ② くるみ割り (　　　) ③ 洋ばさみ (　　　)

3 図のてこはつりあっています。(　　　)に重さやきょりをかきましょう。

①
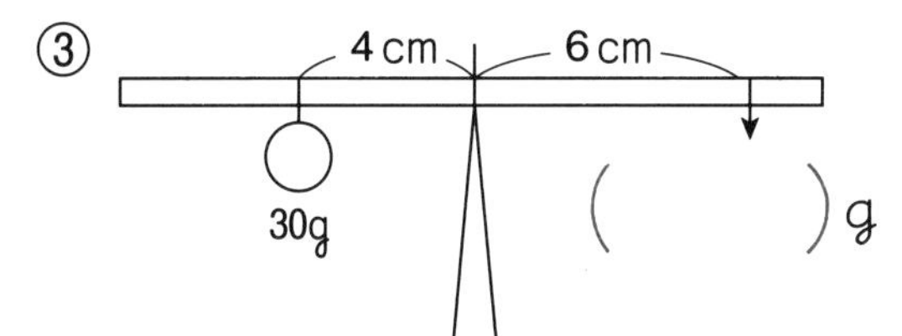

②
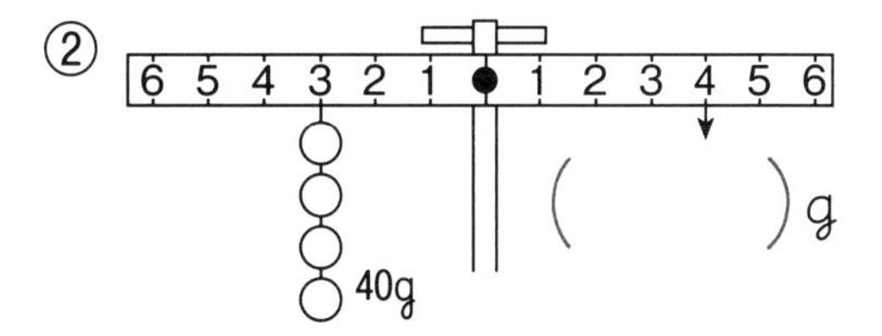

③
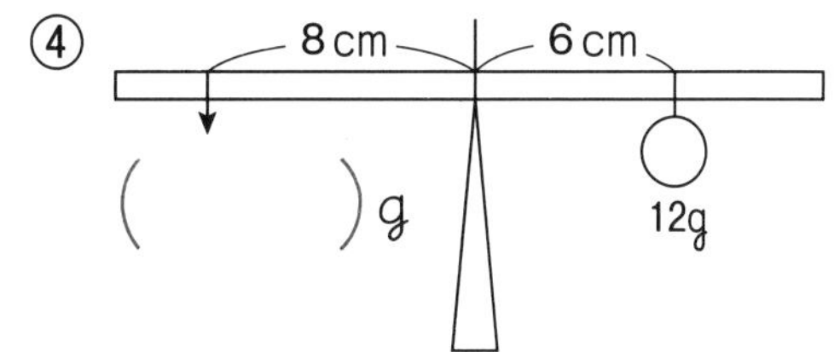

④
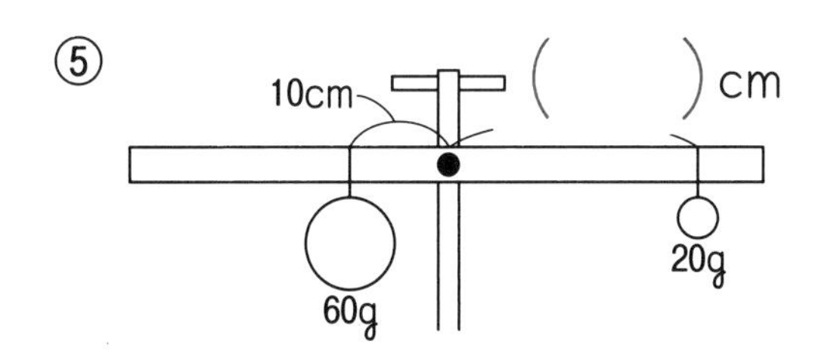

⑤
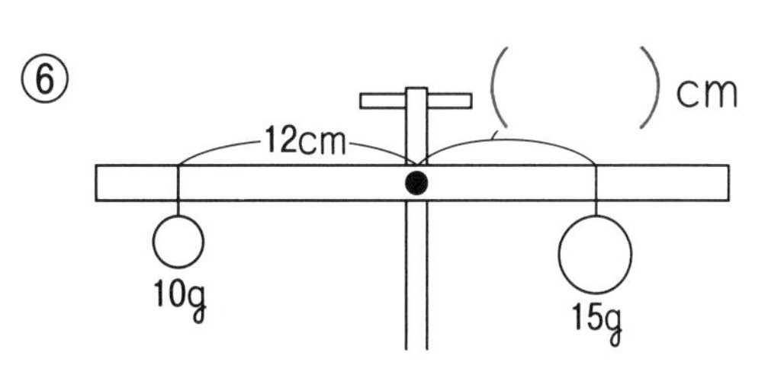

⑥
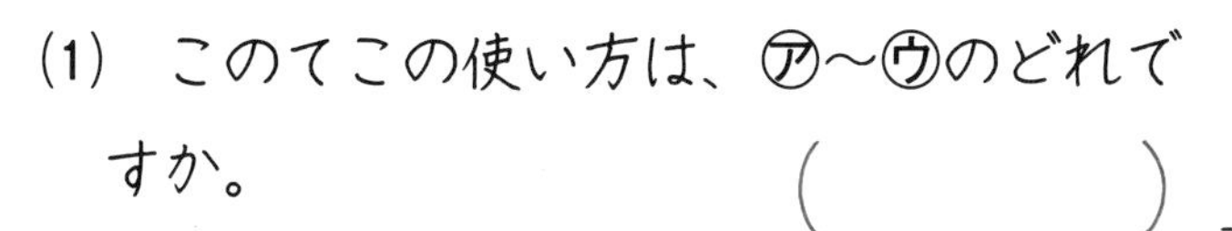

6年　答え

1．ものの燃え方

[P．6～7]

1 (1) ①　代わらない　②　消えます
(2) ①　代わる　②　燃え続けます
③　空気
(3) ①　すき間　②　びんの口
③　入り　④　出ていく

2 (1) ①　同じに　②　あな
(2) ㋒
(3) ②

[P．8～9]

1 (1) ㋓
(2) ㋐
(3) ②
(4) ①　けむり　②　新しい空気
③　燃えたあとの空気

2 (1) ㋐　2　㋑　4
㋒　3　㋓　1
(2) ①　21　②　減って
③　0.03　④　増えて
⑤　酸素　⑥　二酸化炭素

[P．10～11]

1 (1) ①　激しく　②　石灰水
③　白く　④　二酸化炭素
(2) ①　酸素　②　燃やす
③　線こう　④　二酸化炭素
(3) ①　消え　②　二酸化炭素
③　ありません

2

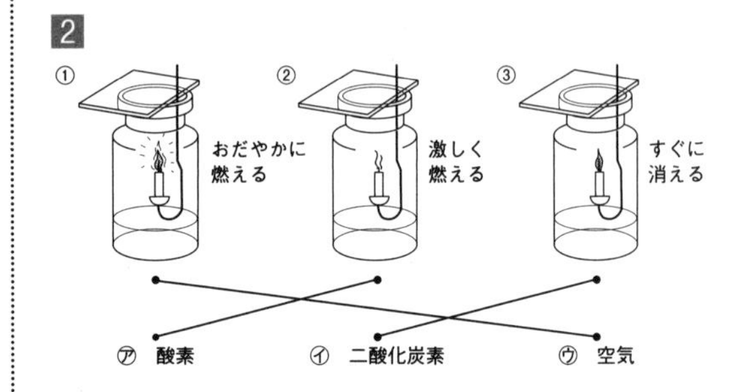

3 ①　火花　②　白くにごりません
③　二酸化炭素

[P．12～13]

1 (1) ㋑
(2) ①　激しく燃え
②　すぐに消えて
③　ものを燃やす
④　白くにごり
⑤　二酸化炭素

2 ちっ素　約79%　酸素　約21%

3 (1) ㋐
(2) 酸素
(3) 二酸化炭素

4 ①　空気　②　酸素
③　二酸化炭素　④　強火

[P．14～15]

1 (1) ㋒
(2)

2 (1) ㋐

(2) 酸素

(3) 二酸化炭素

3 (1) ㋐ 酸素　㋑ 空気

㋒ 二酸化炭素

(2) 白くにごります

(3) 二酸化炭素

4 ① 火花　② 石灰水

③ 二酸化炭素　④ 炭素

[P. 16～17]

1 (1) ㋒→㋑→㋓→㋐

(2) ① 17　② 3

2 ① 二酸化炭素　② ちっ素

③ 酸素

3 (1) ㋐ ①　㋑ ①　㋒ ③

(2) ㋐ ①　㋑ ①　㋒ ②

2. ヒトや動物の体

[P. 20～21]

1 ① 気管　② 肺

③ 肺ほう

2 (1) ① 鼻　② 気管

③ 血液　④ 酸素

⑤ 二酸化炭素

(2) ① えら　② 酸素

③ 二酸化炭素

3 (1) ① 呼吸　② 変化しません

③ 白くにごります

(2) ① 吸う空気　② 17

③ 0.03

④ はき出した空気

[P. 22～23]

1 (1) ① 食道　② 胃

③ 小腸　④ 大腸

⑤ こう門

(2) ① 食道　② 胃

③ 小腸　④ 大腸

⑤ こう門　⑥ 消化管

⑦ 消化　⑧ 消化液

⑨ だ液　⑩ 小腸

⑪ 大腸

2 (1) ① だ液　② 体温

③ 湯

(2) ① ヨウ素液　② 変わらず

③ 変わり

(3) ① だ液　② でんぷん

(4) ① ヨウ素液　② 変わらず

③ 変わり

[P. 24～25]

1 (1) ① 歯　② だ液

③ 養分　④ 消化

(2) ① 胃液　② 消化液

(3) ① 小腸　② 大腸

③ 血液　④ ふん（便）

2 (1) ① 小腸　② 血液

③ かん臓　④ たくわえ

(2) ① 消化液　② 消化管

③ アルコール

④ 害のないもの

(3) ① 消化管　② 口

③ こう門

［P．26～27］

1 (1) ① のびたり　② 血液
③ ポンプ
(2) ① ちょうしん器
② はく動　③ 脈はく

2 ① 養分　② 血液中
③ にょう　④ ぼうこう

3 (1) ① 血管　② 心臓
(2) ① 酸素　② 養分
③ 不要なもの
④ 二酸化炭素
（③④は順番自由）

［P．28～29］

1 (1) ㋑
(2) はく動
(3) ②　③

2 (1) ②
(2) ㋑　㋓

3 (1) ① 心臓　② 肺
③ 酸素　④ 二酸化炭素
(2) ① 養分　② 二酸化炭素
③ 肺　④ 酸素

［P．30～31］

1 (1)

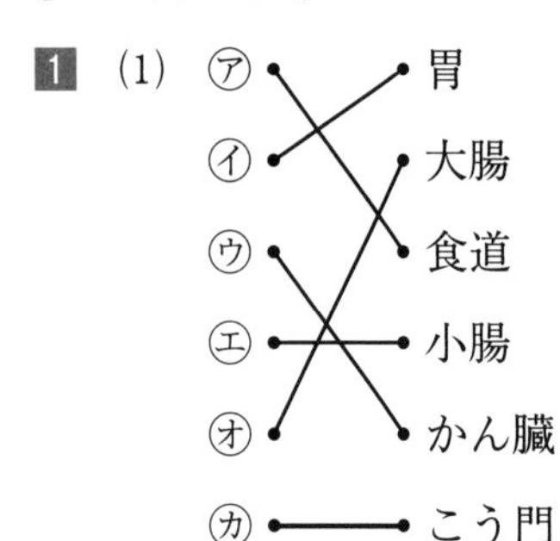

(2) ① 消化管　② でんぷん
③ 小腸　④ 血液
⑤ 大腸

2 (1) 石灰水
(2) はき出した空気
(3) ㋑
(4) 取り入れる気体　酸素
出す気体　二酸化炭素

3 (1) ㋒ 心臓
(2) ㋑ 肺
(3) Ⓐ

［P．32～33］

1 (1) ① 歯　② だ液
③ 消化　④ 胃液
⑤ 消化液
(2) ① 小腸　② 血管
③ かん臓　④ たくわえ
⑤ 消化液　⑥ アルコール
⑦ 害のないもの

2 (1) ① 養分　② 酸素
③ 不要物　④ 二酸化炭素
（①②、③④は順番自由）
(2) ① 肺　② 心臓
③ 血液　④ 小腸
⑤ 養分
(3) ① じん臓　② 不要物
③ ぼうこう　④ 二酸化炭素
⑤ 酸素

3．植物のつくり

[P．36～37]

1 (1) ① 円形　② 縦
③ 水　④ 赤く
(2) ① 根　② 水の通り道
③ 体全体

2 (1) ① 水てき　② 白くくもり
③ くもりません
(2) ① 三日月形　② 気こう
③ 根　④ 水蒸気
⑤ 蒸散
(3) ① 水　② 水の通り道
③ 蒸散

[P．38～39]

1 (1) ① 息　② 気体検知管
(2) ① 日光　② 酸素
③ 二酸化炭素
(3) ① 日光　② 二酸化炭素
③ 酸素

2 (1) ① 暗い　② 13
③ 7
(2) ① 呼吸　② 日光のあたる
③ 多く　④ 取り入れる

[P．40～41]

1 (1) うすく
(2) ヨウ素液
(3) 青むらさき色
(4) ㋐
(5) 日光
(6) 酸素

2 (1) ㋑ 変わります
㋒ 変わりません
(2) ㋐
(3) ㋑

3 (1) ㋒→㋑→㋓→㋐→㋔
(2) 青むらさき色

[P．42～43]

1 (1) ① 根　② すみずみ
③ 水蒸気　④ 葉
⑤ 蒸散
(2) ① ○　② ×　③ ×
④ ○　⑤ ○　⑥ ×
⑦ ○　⑧ ×

2 (1) ㋐ 日光　㋑ 二酸化炭素
㋒ 水
(2) Ⓐ 酸素　Ⓑ 気こう
(3) 名前　光合成
できるもの　酸素、養分(でんぷん)

3 (1) ①
(2) 二酸化炭素
(3) 植物の呼吸

[P．44～45]

1 (1) ① ㋐　② 葉　③ 蒸散
④ 根　⑤ くき
(2) ① 三日月　② 水蒸気
③ 酸素　④ 二酸化炭素
(③④は順番自由)

2 (1) ① 酸素　② 二酸化炭素
(2) 二酸化炭素
(3) 酸素

(4) でんぷん

3 (1) ①

(2) ㋑

(3) 日光

4．水よう液の性質

[P．48～49]

1 (1) ① 赤色 ② 酸性

③ 青く

(2) ① ピンセット ② 手

③ ガラス棒 ④ 1回ごと

(3) ① ＢＴＢ液

② アルカリ性

2 ① 酸性 ② アルカリ性

③ 変化なし ④ 赤→青

⑤ 塩酸 ⑥ 食塩水

⑦ 黄 ⑧ 青

3 ① $\frac{1}{3}$ ② $\frac{1}{5}$

③ 手 ④ 水

[P．50～51]

1 ① 酸 ② アルカリ

③ 赤く ④ 青く

⑤ BTB液 ⑥ ムラサキキャベツ

2 ② ④ ⑤

3 (1) ① 変化なし ② 変化なし

③ 赤色に変化

(2) ㋐ アルカリ性

㋑ 中性

㋒ 酸性

4 ③

[P．52～53]

1 (1) ① あわ ② とけて

③ 熱く

(2) ① 蒸発皿 ② 加熱

③ 黄色い

(3) ① あわ

② 引きつけられません

③ 別のもの

2 ① あわ ② とけました

③ とけません

3 (1) ① ゴム球 ② ピペット

③ はなし

(2) ① 試験管 ② おして

③ 入らない

[P．54～55]

1 (1) ① ㋐ ② ㋒

(2) ① ㋐ ② ㋐

(3) ① ㋒ ② ㋒

2 (1) 黄色

(2) つかない

(3) 出ない

(4) 鉄でないもの

3 ① 鉄 ② 水素 ③ 火

[P．56～57]

1 (1) ① 気体 ② 無色とう明

③ 何も残りません

(2) ① 固体 ② 無色とう明

③ 食塩

2 ① 塩化水素 ② 気体

③ 食塩 ④ 固体

3 (1) ① 気体　② 白くにごり
③ すぐ消え　④ 二酸化炭素
(2) ① 水　② 二酸化炭素
③ へこみ　④ とける

[P. 58～59]

1 ① 赤色　② 変化なし
③ 変化なし　④ 青色
⑤ 黄色　⑥ 青色

2 (1) A 鉄　B アルミニウム
(2) 黄色
(3) 引きつけられない

3 ① 炭酸水　② 中性
③ 食塩水　④ 気体
⑤ 塩酸
（②③は順番自由）

4 ① 中性　② 酸性
③ アルカリ性　④ 酸性

[P. 60～61]

1 ① ×　② ×　③ ×
④ ○　⑤ ×　⑥ ○
⑦ ○

2 ① 酸　② アルカリ
③ 赤く　④ 青く
⑤ BTB液　⑥ ムラサキキャベツ

3 ① ○　② ×　③ ○
④ ○　⑤ ×　⑥ △
⑦ △　⑧ ×

4 ㋐ 石灰水　㋑ 酢
㋒ うすい塩酸　㋓ 食塩水
㋔ 炭酸水

注意 実験１から、㋑、㋒、㋔は酸性の水よう液です。実験２から、つぶが残るのは石灰水と食塩水です。実験３から、㋐が石灰水とわかり、㋔が炭酸水です。実験４から、㋒がうすい塩酸とわかります。

５．月と太陽

[P. 64～65]

1 (1) ① 大きく　② 強い光
③ 地球　④ あたたかさ
⑤ 6000℃　⑥ 低い
⑦ 黒点
(2) ① 太陽　② 岩石
③ 空気　④ クレーター

2 (1) ① 光　② こう星
③ わく星　④ 衛星
⑤ 反射
(2) ① 4分の1　② 109
③ 38万km　④ 1億5千万km
⑤ エネルギー
⑥ 地球
(3) ① 日食　② 月食

[P. 66～67]

1 (1) ① 球形　② 日光
③ かげ
(2) ① 月　② 太陽
③ 明るくなります
(3) ① 約１か月　② 地球
③ 位置関係

2 (1) Ⓐ ㋒　Ⓑ ㋐　Ⓒ ㋑

(2) ① 見えません　② 新月
③ 全面　④ 満月

[P. 68〜69]

1 (1) ㋒
(2) ②
(3) ①

2 ボール　月
電灯　太陽
ビデオカメラ　地球

3 ① ㋓　② ㋒
③ ㋐　④ ㋑

4 (1) 半月
(2) ②

[P. 70〜71]

1 ① ㊊　② ㊏　③ ㊏
④ ㊊　⑤ ㊕　⑥ ㊏
⑦ ㊊　⑧ ㊕

2 (1) ㋐
(2) ㋕
(3) ㋖

3 (1) ① 東　② 西
(2) ㋐
(3) ㋒
(4) ㋐

[P. 72〜73]

1 ① ㋒　② ㋐　③ ㋑
④ ㋐　⑤ ㋑　⑥ ㋐
⑦ ㋑　⑧ ㋑　⑨ ㋐
⑩ ㋑　⑪ ㋒　⑫ ㋐
⑬ ㋑　⑭ ㋒

2 (1) ㋐ 太陽　㋑ 地球
㋒ 月
(2) ① 地球　② 太陽
③ 衛星　④ 1か月
(3) ① 日食　② 月食

3 (1) あ
(2) 西

6. 大地のつくりと変化

[P. 76〜77]

1 (1) ① ねん土　② 砂
③ 大きさ　④ 地層
(①②は順番自由)
(2) ① 動物　② すんでいたあと
③ 化石
(3) ① 流れる水　② 丸みのある
③ 火山　④ 角ばった

2 ① 小石　② 砂
③ ねん土　④ 大きい
⑤ 流れる水　⑥ 運ばれた
⑦ 海

3 ① 小石　② 丸み
③ 砂　④ ねん土

[P. 78〜79]

1 (1) ㋑
(2) 地層
(3) 火山灰の層
(4) ㋑

2 (1) 化石

(2) ㋐

3 (1) ① ねん土　② 小石

(2) ㋒

(3) ㋐

(4) 流れる水

4 ㋐ 砂岩　㋑ れき岩

㋒ でい岩

[P. 80～81]

1 (1) ① 火口　② よう岩

③ 火山灰

(2) ① 火山灰　② 田畑

③ 災害

(3) ① よう岩　② 湖

③ 山

2 ① 地割れ　② がけ

③ 断層　④ 土砂くずれ

⑤ 災害

3 火山活動　㋑、㋒

地しん　㋐、㋓

[P. 82～83]

1 (1) ① よう岩　② 火山灰

(2) ㋑

(3) ㋒　㋓

2 (1) ① 大地　② 断層

③ 地割れ　④ 山くずれ

⑤ つ波

(2) ① 中禅寺湖　② せき止め

③ 桜島　④ 陸続き

[P. 84～85]

1 (1) ① 地層　② 流れる水

③ 火山　④ 角ばった形

(2) ㋑

(3) Ⓐ でい岩　Ⓑ 砂岩

Ⓒ れき岩

2 (1) ㋐

(2) ㋒

3 ① ○　② ○　③ ○

④ ×　⑤ ×　⑥ ○

⑦ ○　⑧ ○

[P. 86～87]

1 (1) ① 重み　② たい積岩

③ れき岩　④ 丸み

⑤ 砂岩

(2) ① 火成岩　② かこう岩

③ 安山岩　④ よう岩

2 ㋑→㋓→㋒→㋐→㋔

3 ① ○　② ×　③ ○

④ ×　⑤ ○　⑥ ×

⑦ ○　⑧ ○　⑨ ○

7. 生物とかん境

[P. 90～91]

1 (1) ① 食べ物　② 動物

③ 牧草　④ 植物

(2) ① 日光　② 養分

③ 太陽

2 (1) ① 養分　② 植物

③ 肉食動物

(2) ① 草　② 鳥

③ 食べる・食べられる

④ 食物連さ

(3) ① 植物　② 少なく

③ ピラミッド

[P. 92～93]

1 (1) ① 酸素　② 二酸化炭素

③ 呼吸

(2) ① 日光　② 二酸化炭素

③ 酸素　④ 光合成

(3) ① 酸素　② 二酸化炭素

③ 酸素　④ 植物

2 (1) ① 紙　② 木

③ 減少　④ 森林

(2) ① 家庭　② 海

③ 生物　④ 工場

(3) ① 石油　② 二酸化炭素

③ 温暖化

[P. 94～95]

1 ① 大気　② 毛布

③ 水　④ 植物

⑤ 動物　⑥ 10km

⑦ 水蒸気　⑧ 雲

⑨ 生命

(④⑤は順番自由)

2 (1) ① 二酸化炭素　② 温度

③ 温暖化現象　④ 海水面

(2) ① 石油　② 化石燃料

③ 酸素　④ 二酸化炭素

⑤ 増え　⑥ 地球温暖化

⑦ 風力　⑧ 地熱

⑨ 燃料電池

(⑦⑧は順番自由)

[P. 96～97]

1 (1) ① 日光　② 蒸発

③ 雲　④ 雨

⑤ 川　⑥ じゅんかん

(2) ① 根　② 養分

③ 水蒸気　④ 飲み物

⑤ にょう　⑥ 呼吸

2 (1) ① 川　② ろ過

③ きれいな水　④ 検査

⑤ 海

(2) ① 公害　② 水また病

③ 食物連さ

④ イタイイタイ病

⑤ 農業用水

⑥ マイクロプラスチック

[P. 98～99]

1 (1) ① 外来種　② 在来種

③ すみか　④ 食物連さ

⑤ 絶めつ

⑥ アメリカザリガニ

⑦ ミドリガメ　⑧ 生態系

(⑥⑦は順番自由)

(2) ① 持続可能な社会

② 紙　③ 木

④ 森林　⑤ かん境

2 ① 持続可能な開発サミット

② SDGs　③ 理科

④ 持続可能な社会

[P．100～101]

1 (1) ① メダカ ② ザリガニ

(2) 食物連さ

(3) ミジンコ

2 草食の動物 ㋑ ㋒

肉食の動物 ㋐ ㋓ ㋔ ㋕

3 (1) ① ㋐ ㋑ ② ㋒ ㋓

(2) 二酸化炭素

(3) 酸素

4 ① × ② × ③ ○

④ × ⑤ ○

[P．102～103]

1 ① 太陽 ② 大気

③ 自然 ④ 生物

⑤ 地球 ⑥ かん境

⑦ 砂ばく化 ⑧ 温暖化

⑨ 酸性雨 ⑩ 石油

2 (1) ① 紙 ② 減少

③ 森林

(2) ① 家庭 ② 海

③ 工場 ④ 下水処理場

(3) ① 石油 ② 二酸化炭素

③ 温暖化

8．電気の利用

[P．106～107]

1 (1) ① 豆電球 ② 回転

③ 手回し発電機

(2) ① 電気 ② 回転

③ 発電

(3) ① 逆向き ② 電流

③ 速く

2 (1) ① コンデンサー ② 発電

③ たくわえる

④ 発光ダイオード

(2) ① コンデンサー ② 多く

③ 発光ダイオード ④ 長く

[P．108～109]

1 (1) ① 風 ② 発電

③ 少なく ④ 山

⑤ 自然

(2) ① 石油 ② 水蒸気

③ タービン ④ 発電

2 ① 光 ② 電気

③ 少なく ④ ゆっくり

⑤ 強い

3 (1) ㋐ 光電池

㋑ コンデンサー

㋒ 発光ダイオード

(2) ① ㋑ ② ㋒ ③ ㋐

[P．110～111]

1 (1) ① 電流 ② 熱く

③ 発熱

(2) ① 電熱線 ② 長さ

③ 太さ ④ 電池の数

(3) ① 約２秒 ② 細い

③ 太い

2 ① 発光ダイオード ② 音

③ 熱　　④ 電気

3 ① ㋐　② ㋒　③ ㋑

[P. 112~113]

1 (1) ㋐

(2) ㋐ ㋒

(3) ① 太さが0.4mmの電熱線

② 太さが0.4mmの電熱線

2 ① 太陽光　② 家電製品

③ 利用　④ 電気自動車

⑤ バッテリー　⑥ ちく電池

3 ① 水力　② 風

③ モーター　④ 水蒸気

[P. 114~115]

1 (1) ㋐

(2) ㋐

(3) ㋑

2 (1) ① 火力　② 石油

③ 化石　④ 水蒸気

⑤ タービン　⑥ 風力

⑦ 太陽光

（⑥⑦は順番自由）

(2) ① 屋根　② 太陽光

③ 家電製品　④ 電気自動車

⑤ ちく電池

[P. 116~117]

1 (1) ① コンデンサー　② 豆電球

③ 点灯　④ 電気

⑤ ちく電池

(2) ① 豆電球　② 1個

③ 長い　④ けい帯電話

⑤ バッテリー

2 (1) ① 発光ダイオード　② 音

③ 熱　④ 電気

(2) ① 電流　② 発熱

③ 電熱線

④ 発ぽうスチロール

⑤ 増やす　⑥ 太く

9. てこのはたらき

[P. 120~121]

1 (1) ① 作用点　② 支点

③ 力点

(2) ① 支えている　② 力点

③ 力をはたらかせる

④ 小さい

2 (1) 小さく

(2) 小さく

3 (1) ㋐

(2) ㋒

[P. 122~123]

1 (1) ① つりあい　② 重さ

③ きょり

(2) ① 支点からのきょり

② 20g　③ 6

④ 4　⑤ 30

⑥ うでをかたむける力

2 (1) ① 30　② 4　③ 120

(2) ① 40　② 3　③ 120

(3) つりあう

3 (1) 左うで ① 20×5 ② 100
右うで ③ 20×5 ④ 100
(2) 左うで ① 50×2 ② 100
右うで ③ 20×5 ④ 100

[P. 124〜125]

1 ① 左 10×5＝50
右 30×2＝60 ×
② 左 20×3＝60
右 30×2＝60 ○
③ 左 20×4＝80
右 40×2＝80 ○
④ 左 30×3＝90
右 40×2＝80 ×

2 ① 60 ② 30
③ 20 ④ 9

3 ① 30 ② 8

4 (1) ① Aの力 10×4＝40
Bの力 10×3＝30
② 40＋30＝70
(2) Cの力 10×5＝50
(3) ㋐

[P. 126〜127]

1 (1) ① 小さい ② 大きい
③ てこ
(2) ① 支点 ② 力点
③ 短く ④ 小さな力
(3) ① 作用点 ② 短く
③ 力点 ④ 小さな力

2 (1) ① 作用点 ② 力点
(2) ① 支点 ② 作用点
(3) ① 作用点 ② 支点
(4) ① 支点 ② 力点
(5) ① 作用点 ② 力点
(6) ① 力点 ② 作用点

[P. 128〜129]

1 (1) てこ
(2) Ⓐ 作用点 Ⓑ 支点
Ⓒ 力点
(3) ㋐
(4) ㋑

2 (1) ㋐
(2) Ⓐ

3 (1) ㋑
(2) Ⓐ

4 (1) ㋑
(2) 2
(3) 150g

[P. 130〜131]

1 (1) ① 棒 ② 楽
③ 支点 ④ てこ
(2) ① 力点 ② 支点
③ 作用点

2 (1) ㋑
(2) Ⓑ
(3) ① ㋒ ② ㋑ ③ ㋐

3 ① 60 ② 30
③ 20 ④ 9
⑤ 30 ⑥ 8

キソとキホン
「わかる!」がたのしい理科　小学6年生

2020年8月10日　発行

著　者　宮崎　彰嗣

発行者　面屋　尚志

企　画　清風堂書店

発行所　フォーラム・A
〒530-0056　大阪市北区兎我野町15-13
TEL 06-6365-5606／FAX 06-6365-5607
振替　00970-3-127184

制作編集担当　蒔田司郎
表紙デザイン　畑佐実